区域山洪灾害监测预警技术集成与应用

董林垚　许文涛　范仲杰　韩培　著

中国水利水电出版社
www.waterpub.com.cn
·北京·

内 容 提 要

本书针对山洪灾害特征、形成机理，结合降水、地质地貌等自然条件和人口分布、经济发展等社会经济条件，分析山洪灾害发生、发展的各种影响因素及区域分布规律和活动特征；研发了基于物联网技术的山洪灾害立体监测体系，对山区降雨、径流和土壤水特征参数进行实时监测，在示范区构建了山洪灾害立体监测体系；进行了山洪灾害应急抢险应对处置专题研究，针对性地提出了提高应急抢险应对处置时效的措施和方法；创新"自然-社会"二元防御模式，以五个示范区为例，构建了山洪灾害防灾减灾救灾模式。

本书可供防洪减灾、水文水资源、水利水电工程、铁路、交通、通信等专业领域的规划、设计、科研、管理人员参考使用。

图书在版编目（ＣＩＰ）数据

区域山洪灾害监测预警技术集成与应用 ／ 董林垚等著. -- 北京：中国水利水电出版社，2022.10
ISBN 978-7-5226-1066-5

Ⅰ．①区… Ⅱ．①董… Ⅲ．①山洪－灾害防治－预警系统－研究 Ⅳ．①P426.616

中国版本图书馆CIP数据核字(2022)第204572号

书　　　名	区域山洪灾害监测预警技术集成与应用 QUYU SHANHONG ZAIHAI JIANCE YUJING JISHU JICHENG YU YINGYONG
作　　　者	董林垚　许文涛　范仲杰　韩　培　著
出 版 发 行	中国水利水电出版社 （北京市海淀区玉渊潭南路1号D座　100038） 网址：www.waterpub.com.cn E-mail：sales@mwr.gov.cn 电话：(010) 68545888（营销中心）
经　　　售	北京科水图书销售有限公司 电话：(010) 68545874、63202643 全国各地新华书店和相关出版物销售网点
排　　　版	中国水利水电出版社微机排版中心
印　　　刷	天津嘉恒印务有限公司
规　　　格	184mm×260mm　16开本　9.25印张　225千字
版　　　次	2022年10月第1版　2022年10月第1次印刷
印　　　数	0001—1000册
定　　　价	**68.00元**

序

　　山洪灾害点多面广、突发性强、发生频率高、破坏性大，是全球范围内最危险的自然灾害之一。我国主要处于东亚季风区，暴雨频发，地形地貌复杂，导致山洪灾害发生频繁。党中央、国务院高度重视山洪灾害防御工作，2006年国务院批复了水利部等5部委联合编制的《全国山洪灾害防治规划》。按照党中央、国务院决策部署，2010—2022年，水利部、财政部组织全国29个省（自治区、直辖市）和新疆生产建设兵团的305个地市、2076个县实施了山洪灾害防治项目建设，共投入建设资金416亿元（其中中央财政补助资金314亿元，地方建设资金约102亿元），持续开展山洪灾害调查评价、监测预警系统、群测群防体系等非工程措施建设及运行维护，陆续安排实施1164条重点山洪沟防洪治理。通过项目建设，初步构建了以非工程措施为主，非工程措施与工程措施相结合，专业防治与群测群防相结合的山洪灾害防御体系，在历年山洪灾害防御中发挥了很好的防灾减灾效益，近年山洪灾害造成的死亡人数下降7成以上，最大限度保障了人民群众生命财产安全。

　　我国特殊的地形地貌条件、人口分布和降雨时空分布不均特征决定山洪灾害风险长期存在，全球气候变化等原因导致山洪突发性、极端性、异常性更加明显。当前，我国山洪灾害防御仍面临着防治能力与保障山丘区人民群众生命安全和经济社会高质量发展需求不匹配的矛盾，山洪灾害防御任重而道远。长江水利委员会长江科学院在系统总结"十三五"国家重点研发计划重大自然灾害监测预警与防范重点专项项目"山洪灾害监测预警关键技术与集成示范"第六课题基础上，开展了山区暴雨洪水时空演变特征及山洪成灾暴雨阈值研究、山洪多要素立体监测技术及体系研发、山洪模拟模型及设计洪水计算方法、山洪灾害实时动态预报预警关键技术、山洪灾害动态预警与风险评估平台构建等方面研究。

通过总结凝练山区局地短时临近暴雨形成机理与预报、山洪多要素立体监测技术与体系、暴雨山洪致灾机制与模拟、山洪灾害多指标预警模型等方面研究成果，最终形成了《区域山洪灾害监测预警技术集成与应用》一书。此书不仅对我国山洪灾害防御基础理论研究具有重要的学术意义，同时在土壤侵蚀与水土保持、中小河流治理、防灾减灾等领域具有应用价值，可为水文及水资源、自然地理、环境保护等科研工作者及专业技术人员提供参考。

　　特此为序。

水利部二级巡视员　成福云

2023 年 8 月 23 日

前言

　　本书是在"区域山洪灾害监测预警技术集成与应用示范（2017YFC1502506）"属"十三五"国家重点研发计划重大自然灾害监测预警与防范重点专项项目"山洪灾害监测预警关键技术与集成示范（2017YFC1502500）"第六课题支持下完成的。课题所属项目面向全国山洪灾害监测预警与防范的国家重大战略需求，围绕构建山洪多要素监测技术体系，精准预报山区强降雨及山洪过程，拟定多尺度山洪灾害暴雨阈值，提高预报预警能力和应急抢险应对处置时效，降低山洪灾害风险水平，开展山洪灾害监测预警关键技术科研攻关与应用示范，为目前实施的山洪灾害防治县级非工程措施改造升级完善布局建设，提升国家防灾减灾救灾能力，保障山丘区人民生命财产安全和社会经济可持续发展提供科技支撑。

　　针对暴雨山洪形成机理、致灾机制与过程，山洪多要素立体精准监测技术与体系，山洪灾害过程实时动态精准预报预警，多空间尺度山洪灾害风险评估与应急抢险应对处置等关键科学和技术问题，根据《中国山洪灾害防治区划》（2009年）中山洪灾害防治分区，选择四川都江堰、陕西子洲、湖北丹江口、贵州望谟、广东高州的5个典型小流域为示范区，开展了如下6个方面的研究：①山区暴雨洪水时空演变特征及山洪成灾暴雨阈值研究；②山洪多要素立体监测技术及体系研发；③山洪模拟模型及设计洪水计算方法；④山洪灾害实时动态预报预警关键技术；⑤山洪灾害动态预警与风险评估平台构建；⑥区域山洪灾害监测预警技术集成与应用示范。力图在山区局地短时临近暴雨形成机理与预报、山洪多要素立体监测技术与体系、暴雨山洪致灾机制与模拟、山洪灾害多指标预警模型等方面取得突破和创新。

　　研究人员通过野外现场调查、监测数据分析、模型模拟等手段，研究了示范区山洪灾害特征、形成机理，结合降水、地质地貌等自然条件和人口分布、经济发展等社会经济条件，分析山洪灾害发生、发展的各种影响因素及区域分布规律和活动特征；研发了基于物联网技术的山洪灾害立体监测体系，对山区降雨、径流和土壤水特征参数进行实时监测，在示范区构建了山洪灾害立体监测体系；进行了山洪灾害应急抢险应对处置专题研究，针对性地提出了提高应急抢险应对处置时效的措施和方法；创新"自然-社会"二元防御模式，以 5 个示范区为例，构建了山洪灾害防灾减灾救灾模式。

主要从国内外山洪灾害研究现状出发，综述了山洪灾害发育特点、防治现状，成灾要素分析，监测预警现状及发展趋势等。第 3 章主要对 5 个示范小流域山洪灾害形成要素进行辨识，包括流域地形、植被、降雨等下垫面特征，同时对流域内土地利用类型、潜在受灾房屋和人口进行遥感解译。第 4 章主要阐述山洪灾害监测预警体系构建方法和内容，重点针对 5 个示范小流域山洪灾害监测现状进行描述，同时对区域山洪灾害动态预警指标、风险模型等进行评价。第 5 章开展了山洪灾害应急抢险应对处置研究，分别从山洪灾害应急治理模式、应急抢险模式、应急抢险应对处置时效等方面进行说明。第 6 章主要开展了山洪灾害防灾减灾救灾模式构建，阐述了山洪灾害"自然-社会"二元防御模式理念，针对性地提出了 5 个示范小流域的防灾减灾救灾模式构建理论和方法。第 7 章主要阐述全书结论及相关山洪灾害研究展望。

董林垚负责全书的整体结构设计，许文涛、范仲杰、韩培负责主要撰写和统稿工作，任洪玉、刘纪根负责审阅和校核工作。第 1 章由董林垚、杜俊、许文涛撰写；第 2 章由董林垚、韩培、邱佩撰写；第 3 章由韩培、范仲杰、张宏雅撰写；第 4 章由许文涛、韩培、康亚静（中国南水北调集团有限公司）撰写；第 5 章由范仲杰、张长伟、杨嘉慧撰写；第 6 章由范仲杰、董林垚、邹承钰撰写；第 7 章由董林垚、许文涛、杜俊撰写。本书还得到了四川大学、中国科学院成都山地灾害与环境研究所、武汉大学、国家气象中心、北京师范大学等单位专家的大力支持，谨向他们表示诚挚的谢意。此外，长江水利委员会长江科学院王奔、骆雪、匡洋等对本书也作出了贡献，在此一并感谢。

我国幅员辽阔，受山洪灾害威胁区域分布广泛，区域山洪灾害致灾机理、成灾机制复杂，涉及水文、环境、地质、社会学等多个学科及专业领域，加之作者理论水平和实践经验有限，书中出现谬误及不足之处在所难免，诚挚欢迎各专业领域读者批评指正。

作者

目录

第1章

背　景

　　我国位于东亚季风气候区，暴雨频发，地形地貌环境复杂，加之人类活动剧烈，导致我国山洪灾害频发。据统计，1949—2015 年，全国发生山洪灾害场次为 53000 多次，累计死亡约 6 万人，占洪涝灾害死亡人数的 70% 以上（图 1-1）。随着全球气候变化和人类活动影响，山区城市化进程加快、生态环境恶化、极端水文事件频发造成山洪灾害日益严重，缺乏对山洪成灾机理、监测预警技术和防御范式系统研究将制约山丘区防灾减灾能力提升。针对我国山洪灾害问题日益突出，以《全国山洪灾害防治规划》为依据，2007—2015 年，我国累计投入 289.4 亿元，经历"规划批复，方案制定""试点建设""县级非工程措施项目""全国山洪灾害防治项目""监测预警体系升级改造"五个阶段，

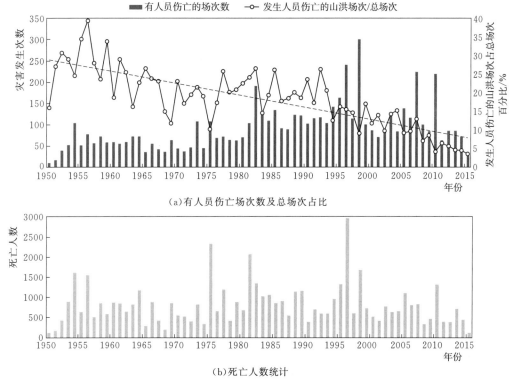

(a)有人员伤亡场次数及总场次占比

(b)死亡人数统计

图 1-1　1950—2015 年山洪灾害统计

基本建成了适合中国国情的专群结合的山洪灾害防治体系，实现山洪灾害监测预警系统在全国 2138 县（市、区）386 万 km² 的全覆盖，自动雨量监测站和水位监测站的布设密度达到 50km²/个和 100km²/个。

国外以美国、欧盟各国、日本为代表的发达国家自 20 世纪 70 年代开始在国家战略层面进行山洪灾害防治工作，在监测预警技术研发和系统建设方面取得了一定成就。美国国家水文研究中心开发了山洪预警系统，在中美洲 7 个国家 50 万 km² 的山丘区应用，预报准确率达到 65％。世界气象组织提出山洪预警系统，在中美洲、黑海和中东等地区进行应用。欧盟框架计划开展山洪预警技术研发，成立了山洪灾害防御网络，并在法国、意大利、西班牙和德国开展流域性示范，组织政府相关部门联合开展流域山洪灾害防御技术研究与示范。日本国土交通省针对局地短历时强降雨引发山洪和中小河流洪水灾害的特点，采用高频率、高分辨率的 X 波段 MP 雷达实现雨量高精度监测，结合激光雷达技术和京都大学 KW 分布式水文模型，实现山区洪水预报，并运用推送型（push）与关注型（pull）模式实现预警信息发布并建立了全国性的洪水预警发布网站。

国内关于山洪灾害防治理论和技术的研究伴随全国山洪灾害防治项目建设，为项目的推广和应用提供技术支撑。中国知网搜寻结果（图 1-2）显示：2000—2006 年，关于山洪灾害防治研究文献稳步增长，本阶段的研究侧重山洪灾害的区域特征和成因机理，为监测预警技术发展和体系构建奠定了理论基础；2007 年以后，关于山洪灾害防治研究成果稳定在每年 550 篇左右，相关研究从山洪过程模拟、山洪灾害预报预警技术、监测预警系统建设三方面进行了理论探索、技术研发和推广应用，为山洪灾害防治非工程措施体系建设和新技术在山洪灾害防治中的应用提供支撑。

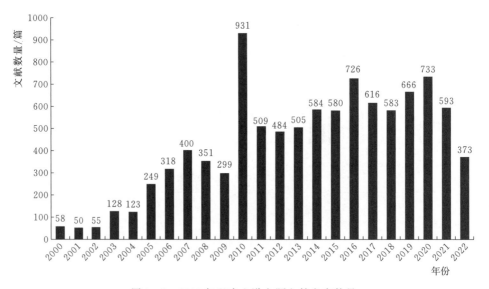

图 1-2　2000 年以来山洪主题文献发表数量

近年来，山洪灾害防治工作认真贯彻落实"人民至上、生命至上"的理念，统筹疫情防控和防汛救灾工作，认真贯彻水利改革发展总基调，以"山洪灾害不出现群死群伤"为目标。按照"以人为本、以防为主、以避为上"的原则，坚持以防为主，积极履行"测防报"职责，经过十年的山洪灾害防治项目实施，创造性地建立了适合我国国情的专群结合的山洪灾害防治体系，全国因山洪灾害死亡失踪人员下降了约七成，但是整个山洪灾害的防治水平仍然处于初级水平，山洪灾害防御能力仍然薄弱，与欧美发达国家差距明显，主要存在以下两个方面：①山洪灾害监测能力有待提升，雨水情监测站网布设仍需优化，卫星遥感、近地测雨雷达、地面雨量站点，短时临近降雨测报等方面的技术尚未得到有效的应用；②我国山洪灾害预警整体水平偏低，只有约40％，低于美国的65％、日本的54％，对于有效主动降低山洪灾害风险和损失有一定的难度。

纵观国内外研究现状，尽管目前在山洪灾害监测预警关键技术方面开展了系统建设和研究，但从监测预警技术上，伴随着研究对象的扩展、研究尺度的扩大，监测预警手段与方法也不断更新迭代——从低效的人工监测预警发展到自动化、精细化监测预警，监测效能和预警时效得到了明显提高；但由于受到山洪要素的多样性、水文过程动态变化等制约，如何能够实现长期实时立体监测和精准及时灾害预警也成为日益突出的问题。从监测预警体系上，由于涉及国家级、省级、市级、县级和乡镇级的监测站网，缺乏统一管理及联动监测机制；由于山区降雨历时短，强度大，洪水暴涨暴落，尚未研究山洪灾害致灾机理与山洪多要素立体监测乃至防灾救灾技术的内在关联，使得山洪灾害监测预警缺乏科学支撑，严重影响和制约了监测预警体系的发展。因此，进行山洪灾害监测预警关键技术研发，选择典型流域进行示范应用，提高山洪洪峰流量预报精度，延长山洪灾害预警期，提高山洪灾害应急抢险应对处置时效，是山洪灾害防治的关键问题。

第 2 章

国内外研究现状及发展趋势

    山洪是山丘区小流域因降雨引起的突发性、暴涨暴落的地表径流,在适当条件下可伴随泥石流、滑坡崩塌的发生,并对国民经济、人民生命财产安全造成损失。本章首先介绍山洪灾害的发育特点和防治概况,然后进行山洪灾害成灾要素分析,最后阐述山洪灾害研究现状与发展趋势。

2.1 山洪灾害发育特点、防治概况与成灾要素

2.1.1 山洪灾害发育特点和防治概况

    山洪是山区小流域由降雨引起的突发的、暴涨暴落的地表径流,具有来势猛、流速大、冲刷力强、历时短等特点,因突发性强,破坏力大,极易成灾。而其致灾原因,除了山洪本身的直接冲刷外,还因为它常常诱发滑坡、泥石流等伴生灾害,造成更大损失。如果将植被覆盖与下垫面产汇流研究成果也纳入山洪基础理论,则有关山洪的学术研究工作至少可以追溯至 1890 年。国外在 20 世纪初已经开始进行山洪灾害的研究,如美国洛杉矶地区在 1934 年和 1938 年发生了严重的山洪灾害,此后便开始了对山洪灾害的研究工作。实际上人们针对山洪现象开展研究也只是近几十年的事情,特别是近期随着全球气候变化和人类社会活动的不断增强,极端灾害事件频发,山洪灾害作为自然灾害的一个灾种,每年因山洪灾害所造成的人员伤亡和社会经济损失占各类自然灾害的比例居高不下,山洪灾害研究逐渐成为热点,受到社会的广泛关注。日本在 20 世纪 70 年代也开始进行全国性的山洪灾害防治研究工作。至今已有 20 多个国家较系统地开展了山洪灾害及其防治措施的研究工作,其中日本、美国、俄罗斯等国的研究成果较多。从研究内容上看,由于研究手段的限制,早期关于山洪灾害的研究主要集中于对局部地区山洪灾害的调查分析,其关注的重点是人员伤亡及财产损失。后来,随着人们对山洪灾害成因认识的不断深入,生态环境恶化、极端性天气现象频发以及暴雨是造成山洪灾害发生的根本原因的观点逐渐被人们所接受。尤其是 80 年代后,人们对山洪灾害的认识水平有了很大提高。目前,世界各国均采取了很多山洪灾害防御措施,如美国、英国、法国主要采取工程与非工程措施相结合的方式,其中美国采取雨洪利用、生态治理河渠等工程措施,并在非工程措施中利用卫星、雷达和 GPS 定位等技术提高监测预警的准确率;英国和法国主要以非工程措施为主,如建立完善的洪水预警系统、成立洪水补偿和救灾基金等;日本、荷兰等则依赖于高标准

的防洪工程，如日本防洪标准超 100 年一遇的河流占比超过 58.7%。

在采取工程措施防治山洪灾害的同时，各国在山洪灾害监测预警系统的研发和建设方面也取得了比较显著的进步。国外的起步较早，主要是通过设立传感器感受山洪泥石流的幅频信号，通过传输手段建立预警系统。其中，日本在山洪泥石流的预警方面处于国际领先地位，日本国际合作社（JICA）开发了在加勒比海地区以社区为基础的山洪早期警报系统。美国国家水文研究中心联合其他机构或单位，提出了基于山洪预警指标（flash flood guidance，FFG）的预警系统建设思路，已广泛应用于中美洲、韩国、湄公河流域四国、南非、罗马尼亚及美国加利福尼亚等地，经初步检验该系统预报准确度为 65%，误报率为 35%，漏报率为 3%。马里兰大学与美国国家河流预报中心研制了分布式水文模型山洪预报系统（HEC-DHM）。世界气象组织（world meteorological organization，WMO）也在积极推进一体化洪水管理理念，在 2006 年由世界气象组织主办的山洪预报国际研讨会上，与会人员提出开发一套适合全球应用的山洪预警系统。目前，山洪预警系统（FFG system）正在通过一系列区域性项目在一些国家和地区推广应用，已经实施的项目分布在中美洲、南非、黑海和中东等地区，一个原型系统已经于 2011 年在巴基斯坦开始运行，并在南亚地区成功开展了"社区加盟洪水预警与管理"的示范区项目。为加强洪水管理，欧洲一些国家联合资助开展了第 16 个欧盟研究和技术开发项目，在此项目下，设立了山洪灾害防治技术研究项目，并开展流域性示范，成立山洪灾害防御网络，从检验论证分布式或半分布式降雨径流模型、评估美国山洪预警系统在欧洲应用的可能性等两个方面入手解决传统洪水预报模型在山洪灾害防治工作中遇到的问题，意图提高洪水预报模型在山洪灾害防治中的性能。我国的铁道系统和中国科学院也做过部分相关工作，铁道科学研究院通过临界雨量值和设立传感器的形式完成预警，中国科学院将泥石流形成的临界判别式制成预报图进行临近预报。此外，水利部长江水利委员会也进行了长江流域泥石流预报预警系统研究，方法与日本的预警系统类似，但是在传感器的选择与布设上有差异。

总体而言，我国的山洪灾害研究起步相对较晚。1949 年以前，山洪灾害研究工作基本处于空白状态；新中国成立后，随着经济建设和科学事业的发展，山洪灾害问题逐步得到社会各界的重视，研究和防治工作也因此得到不断发展，尤其是 20 世纪 90 年代以来，随着国家经济建设的发展以及山洪灾害的日益严重，国家加大了对山洪灾害的研究与防治力度，将山洪灾害评估研究列入"十五"计划攻关课题，并着手编制区域性和流域性的山洪风险图，深化了山洪灾害的研究内容。进入 21 世纪以后，一方面我国编制完成了全国山洪灾害防治规划并通过国务院批复，全国性的山洪灾害防治非工程措施建设项目稳步开展；另一方面我国山洪灾害减灾科学研究得到大力发展，在山洪灾害区域规律、形成机理、活动特征、成灾机制、监测预报、灾情评估、风险分析和减灾工程的理论基础和技术方法等方面取得了一定的研究成果，对山洪灾害减灾工作起到了重要的支撑作用。

我国全国性的山洪灾害防治实践工作始于 21 世纪初。2002 年，水利部与国土资源部、中国气象局、原建设部、原国家环保总局等国家五部委联合开展了全国山洪灾害防治规划编制工作。根据规划编制要求，全国 29 个省（自治区、直辖市）和新疆生产建设兵团开展了全面的山洪灾害调查，掌握了各辖区内从新中国成立以来的山洪灾害基本情况。全国山洪灾害防治规划以"最大限度地减少人员伤亡"为首要目标，防治措施立足于以防为主，防治结合；以非工程措施为主，非工程措施与工程措施相结合。非工程措施包括防灾知识宣传、监测通信预警系统、防灾预案及救灾措施、搬迁避让、政策法规和防灾管理等；工程措施包括山洪沟治理、泥石流沟及滑坡治理措施，病险水库除险加固，水土保持等。以全国山洪灾害防治规划为契机，我国相继开展了山洪灾害防治试点建设、全国山洪灾害防治县级非工程措施建设工作和全国山洪灾害防治实施方案建设等多轮山洪灾害防治工作。通过数年努力，我国山洪灾害防治区监测预警系统和群测群防体系已经发挥出很好的防灾减灾作用。

2.1.2　山洪灾害成灾要素分析

山洪灾害作为一种系统灾害，包括了由强降雨所引起的山丘区发生的溪河洪水灾害、泥石流灾害、滑坡灾害及各种灾害链。具有突发性强、危害大的特点。现阶段将导致山洪灾害发生的因素主要分为自然因素和社会经济因素。

2.1.2.1　自然因素——降雨

降雨，尤其是强降雨，是山洪灾害形成的动力因素，是诱发山洪灾害的直接因素和激发条件。溪河洪水灾害的发生主要是强降雨迅速汇聚成强大的地表径流而引起，强降雨对泥石流的激发也起着重要的作用。滑坡则与降雨量、降雨历时有关，相当一部分滑坡滞后于降雨发生。

降雨量、降雨强度和降雨历时都与山洪灾害的形成有着密切的关系。降雨的分布特点决定着山洪灾害（特别是溪河洪水）的区域空间分布，反映出降雨量与山洪灾害的相关关系。高强度的降雨是引起山洪灾害最主要的原因之一。在相同条件下，降雨历时越长，降雨量越多，产生的径流量越大，山洪灾害造成的损失越严重。在高强度暴雨和长历时、大雨强条件下堆积体易被激发而失稳，容易形成滑坡或泥石流。在旱年-涝年交替的年份降雨诱发的滑坡灾害损失将成倍剧增，即多雨或久雨的年份内，滑坡灾害的发生概率要高于少雨或短雨年份。降雨尤其暴雨，是诱发坡面型泥石流形成的最主要因素，它改变了斜坡岩土体的水文地质条件，且强降雨条件下，滑坡可转化为泥石流，其机理在于雨滴作用下的土体振动软化破坏宽级配砾石土体。

2.1.2.2　自然因素——下垫面

下垫面是引发山洪灾害的物质基础和潜在条件，在降雨因素一致的条件下，下垫面特征影响着山洪灾害的特性和规模。山洪灾害下垫面特征主要包括地形、地貌、地质、土壤、植被和土地利用等因素。

地形是指地势高低起伏的变化，即地表的形态，分为高原、山地、平原、丘陵、台地、盆地六大基本地形。地貌是地球表面各种形态的总称，与地形类似，地貌划分为山地、盆地、丘陵、平原、高原等8种。我国地形复杂，山区广大，按各种地形的分布百分率计算，山地占33%，高原占26%，丘陵占10%。因此山地、丘陵和高原构成的山区面积超过全国面积的2/3。在广阔的山区，每年均有不同程度的山洪发生。

陡峻的山坡坡度和沟道纵坡为山洪发生提供了充分的流动条件。由降雨产生的径流在高差大、切割强烈、沟道坡度陡峻的山区有足够的动力条件顺坡而下，向着沟谷汇集，快速形成强大的洪峰流量。

地形的起伏对降雨的影响也很大。湿热空气在运动中遇到山岭障碍，气流沿山坡上升气流中水汽升得越高，受冷越深，逐渐凝结成雨滴而发生降雨。地形雨多降落在山坡的迎风面，而且往往发生在固定的地方。据分析，暴雨主要出现在空气上升运动最强烈的地方。陡峭地形能抬升气流，加快气流上升速度，因此，山区降雨往往大于平原地区，强降雨为山洪形成提供了激发条件。

地质条件对山洪的影响主要表现在两个方面，一是为山洪提供固体物质，二是影响流域的产流与汇流。山洪多发生在地质构造复杂，地表岩层破碎、滑坡、崩塌、错落发育地区，这些不良的地质现象为山洪提供了丰富的固体物质来源。此外，岩石的物理、化学风化及生物作用也形成松散的碎屑物，在暴雨作用下参与山洪运动。地质变化过程只决定山洪中携带泥沙多少的可能性，并不能决定山洪何时发生及其规模。因而山洪是一种水文现象而不是一种地质现象，但是地质因素在山洪形成中起着十分重要的作用。

山区土壤的厚度对山洪的形成有重要的作用。一般来说，厚度越大，越有利于雨水的渗透与蓄积，减小和减缓地表产流，对山洪的形成有一定的抑制作用，反之则对山洪有促进作用，暴雨降落坡面很快产生面蚀或沟蚀土层，夹带泥沙而形成山洪。

森林植被对山洪的形成影响主要表现在两个方面。森林通过林冠截留降雨，枯枝落叶层吸收雨水在林区土壤中的入渗从而影响地表径流量。其次，森林植被可以增大地表糙度，减缓地表径流流速，增加其下渗水量，从而延长地表产流与汇流时间。总而言之，森林植被对山洪有抑制作用。

2.1.2.3　社会经济因素——山丘区资源的不合理开发

人类活动也是山洪灾害的主要诱发因素之一。在发展经济的同时，山丘区的资源开发活动愈加频繁。一些矿山开发、道路建设等活动对地表环境产生了剧烈扰动，导致或加剧了山洪灾害。

（1）森林集中过伐，采育失调，加剧了水土流失，导致山洪灾害暴发。森林具有多方面效益，有水源涵养、水土保持及防护等作用。在少林的山区，森林的防护与保水固土作用更为突出。各种效益的森林虽然都可以采伐，但是采伐不能只为取得木材，在采伐方式上也应因林而异。在一般情况下，森林生态系统破坏乃至毁灭，导致灾害，都是由于采伐方式和采伐量不合理造成的。森林的过度采伐导致森林的更新速度跟不上采伐的步伐，森林覆盖率日趋下降，使得山地区土壤裸露地表，加之土层本身就很薄，一旦遇上暴雨就容易造成水土流失，引发山洪灾害。例如在安宁河流域普格的云南松林，抚育管理粗放，毁林开荒，刀耕火种严重，泥石流频发。

（2）矿山开采与弃渣加剧山洪灾害爆发。山区矿产资源丰富，矿山开采活动行为也极其频繁，国家、地方、群众都是流域内矿山开采的主体。尤其是在山丘区，为发展经济，资源开发活动更为频繁。一些矿山开发、道路建设等活动对地表环境产生了剧烈扰动，导致或加剧了山洪灾害。首先表现在矿山建设和开采对森林植被的破坏，这也是引发山洪灾害的重要原因之一。另一方面，矿山生产中弃渣不做合理处理，甚至乱堆乱倒破坏山体，一遇暴雨往往产生泥石流，造成灾害。

（3）山丘区农村能源匮乏是一个相当突出的问题，为解决能源问题，过度的能源开采导致泥石流等山洪灾害不断发生。例如在四川攀西地区，能源利用多以生物能源为主，水能利用相对较差。尤其在山丘区农村，人们多分散居住于山上，水能的利用更加困难，对生物能源的依赖更强，对森林等资源的过度利用极易为泥石流的发生创造条件。此外，条件较好的城镇和山村虽修建了水电站用于生活，但由于修水电站挖渠、破坏山体或弃土不当，水渠渗漏，雨季也容易形成泥石流。

2.1.2.4 社会经济因素——山丘区城镇与房屋选址的不合理建设

（1）山丘区城镇不合理建设加剧山洪灾害。城镇是人口、产业高度集中区域，具有相同水文特征的洪水发生在城镇区域，其灾害后果将大大高于一般区域，而不合理的城镇建设加剧了山洪灾害，主要表现在：

1）不适宜建设的山洪危险区安排城镇用地。山地城镇建设规划必须与山地自然格局与演变规律相适应，但是由于对这一规律认识的不足或者由于资金等问题，在进行山地城镇规划时常常不能适应自然规律，顺势而建，导致建设项目区成为山洪灾害的危害对象，诱发或加重灾害。

2）防洪工程缺位导致山洪灾害。城镇建设与防洪工程建设不能同步进行，盖河、盖沟工程及压缩行洪断面使山洪无法顺利下泄而导致山洪灾害，特别是为了更多开发建设用地而将具有泄洪功能的河道覆盖，给城镇的安全埋下隐患。防洪工程的布局不协调，或者防洪工程的防洪标准低都会导致山洪灾害加剧。

3）山丘区城镇建设难度大。山地城镇用地紧张，道路修建难度大，常常进行开挖与垒砌行动，如果边坡稳定性下降，暴雨时常引发滑坡泥石流等次生灾害。或者由于不当的场地平整，大填大挖，修路弃渣及切坡过陡，在暴雨时都会引发山洪灾害。

（2）山丘区房屋选址不当加剧山洪灾害。山丘区居民房屋选址多在河滩地、岸边及坝下等地段，遇山洪暴发，易遭受灾害，造成人员伤亡和财产损失。据考察，山丘区洪灾损失逐年加大，特别是发生大量的人员伤亡，主要原因是洪水冲垮房屋所致。山洪冲垮房屋有如下几个原因：①山区溪源修建房屋；②河流滩地修建房屋；③河岸地带建房；④坝下建房；⑤滑坡体上建房；⑥房屋质量差。而这些原因无疑是因为占据了山洪灾害发生的敏感地带。像山区溪源处溪流山高坡陡，汇流较快，洪水涨落激烈。河流滩地处多为山洪主流带，中小支流河道断面普遍狭小，水位流量变化大，汛期过洪断面不足，易造成漫溢，淹没河槽两岸农田道路及村庄。河岸建房侵占河滩，尤其在凹岸边建房，洪水会掏空岸脚或高水位行洪时主流偏于岸一侧，街道倒塌，造成伤亡和损失。村庄、集镇建于不稳定的山塘和水库坝下，山洪冲垮水库会淹没和冲毁村庄和集镇，造成重大伤亡。房屋建在滑坡体上或滑坡体下，暴雨山洪使坡体土料浸泡饱和，加大下挫力，同时渗水沿滑裂面渗透，减少摩擦阻力，形成滑坡或山崩。山地很多贫困区房屋多用土坯建成，质量差，水饱则塌。

2.1.2.5 社会经济因素——病险水利水电工程

水利水电工程在水力资源利用、防洪减灾方面具有重要地位，其建设对于保护流域内人民生命财产安全具有重要意义。然而，与位于大江大河的重点水利水电工程相比，多年来，山丘区拦洪和拦沙工程多为防治水土流失，缺乏对暴雨山洪、特大洪水的综合考虑，防治减灾能力相对较弱。同时，山丘区水库一般情况下库容太小，溪河流域缺乏大中型拦蓄工程，对山洪蓄控能力较弱，一旦发生山洪，缺乏防洪能力较强的大中型拦蓄工程对洪水的调控，洪水极易成灾。

2.1.2.6　社会经济因素——不合理的交通工程

从成灾的原因分析，虽然引起山洪灾害的主要是自然因素，但从主观上看，由于对自然规律认识不足，交通工程在勘测、设计、施工、养护、管理等方面存在缺陷，使灾害损失有所加重。一是在勘测设计方面，公路、铁路在勘测设计中对山洪水文调查研究不够，未采取避让措施或彻底处置而给工程留下隐患，一遇暴雨洪灾，常发生路基冲毁等严重危害；二是在施工方面，未严格按照基本建设程序办事，施工中抢进度，或随意改变设计、降低技术标准，未严格遵守操作规程保证工作质量，给工程安全渡洪留下了隐患；三是修路弃土堵塞河道，修筑公路、铁路和其他大型建设所产生的弃土倾倒于溪沟河道中，造成河道淤塞，排泄不畅，发生山洪时，泥沙俱下，掩埋村庄和农田。

2.1.2.7　社会经济因素——不合理的农林生产

造成山洪灾害的原因，除了特殊气象过程造成暴雨等自然因素外，在降雨量、地理位置等条件基本相同的情况下，森林植被茂盛的地方，山洪灾害成灾轻、损失小；森林植被遭受严重破坏的地方，成灾重、损失大。忽视森林在水土涵养中的作用，结果后患无穷，人类过量采伐森林，不可避免地加剧山洪灾害发生的频率和强度。过量采伐森林或毁林开荒会降低引发山洪的临界降水量值，容易造成山洪灾害。在林业生产中，皆伐对水土流失、山洪的形成有较大的促进作用。

2.2　山洪灾害研究现状与发展趋势

2.2.1　山洪灾害监测预警现状

2.2.1.1　山洪过程模拟

暴雨山洪是一种陡涨陡落的洪水，过程具有随机性和偶然性，因此，山区暴雨洪水过程模拟具有一定的不确定性，制约山洪灾害精准预警报。山洪过程模拟技术主要分为统计学方法和水文水力学方法。

在早期对山区暴雨洪水研究中，频率分析（frequency analysis）是估算小流域设计洪水的常用方法，但不同地区的特大洪水研究揭示了频率计算的局限性，促进了对可能最大洪水的研究。近年来国内外对洪水抽样方法、频率曲线选型、频率公式、参数估算、时间序列分析等进行了广泛的研究，上述方法和成果也被应用到无资料地区小流域洪水计算中。推理公式法（rational method）和单位线法（unit hydrography method）是早期利用暴雨资料间接推求小流域洪水最大流量的方法。随着上述方法的推广，许多水文学家将地区暴雨洪水特性和推理公式法/单位线法相结合，对基本公式进行修正，提高方法的适用性。同时，上述方法也是各省市《水文手册》和《暴雨洪水查算手册》建议的使用方法。随着数学物理方法和计算机计算的发展，水文模型逐渐成为小流域洪水计算中的重要手段，SCS 模型是最早用于小流域洪水计算的模型之一，随后，以 SWAT 模型、IHA-CRES 模型和 TOPMODEL 模型为代表的分布式水文模型也应用于小流域山洪过程模拟。

上述方法侧重对小流域降雨-径流过程的描述，忽略了洪水波在山区沟道的传播过程解析。受山区下垫面和山洪沟复杂异质性影响，山区洪水沟道传播过程具有很强的非线性和不确定性。山区小流域产流水文模型和洪水传播水动力学模型耦合研究是山洪过程模拟的重点。

2.2.1.2　山洪监测预警技术

　　目前，国内外山洪灾害监测预警采取的途径通常是利用先进的监测和预报技术，实时监视暴雨山洪情况，预测山洪发生的时间和危害程度，做出山洪的准确预测，发布预警信息。建设山洪灾害监测预警系统是减少和避免山洪灾害导致的人员伤亡和财产损失的重要举措。山洪灾害监测预警体系1主要包括水雨情监测系统和预警系统，其架构示意图如图2-1所示。当前水雨情监测系统以山洪灾害易发区雨量监测为主，辅以必要的水位和流量监测。水雨情监测站主要分为简易监测站、人工监测站和自动监测站，按照优先满足预报和预警需求的原则布设。预警系统通常以信息汇集与预警平台的形式工作，通过信息汇集、查询、预报、决策和预警等模块实现山洪灾害实时预警。

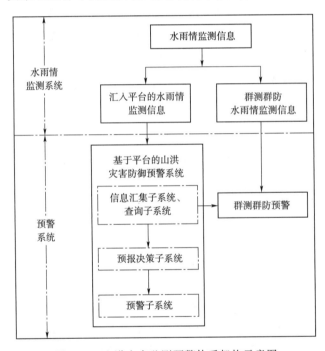

图 2-1　山洪灾害监测预警体系架构示意图

　　鉴于山洪灾害监测以雨量监测为主，且雨量预警可以延长预见期，因此，山洪灾害临界雨量指标是山洪灾害预报预警的重要基础。推求山洪灾害临界雨量的主要方法有如下两种：

　　（1）统计归纳方法。通过统计分析时段雨量与山洪灾害对应关系，将时段雨量统计特征值作为临界雨量，主要包括滑动平均法、内插法和比拟法等。

　　（2）水文水力学方法。通过溪河水位（流量）判断山洪灾害的发生，根据河道水位反推临界雨量，主要包括FFG方法、暴雨临界曲线法等。对小流域而言，基础资料的匮乏和下垫面的急剧变化影响了临界雨量的不确定性，通过山洪过程模拟研究提高灾害监测预警能力是今后研究的重点。

2.2.1.3　山洪灾害防灾减灾模式

　　复杂多样地貌、特征多样季风气候、人口分布不均等导致山洪灾害发生存在明显的地域差异，针对区域特征的防治对策是科学防治山洪灾害的重要举措。张平仓等统计分析 8 个二级山洪灾害防治区灾害发育特征，针对性地提出生物措施、工程措施和非工程措施相结合的灾害防治对策。随后，相关研究进一步系统总结了流域和区域（省、市、县）尺度山洪灾害成因、特征、现状和需求，提出了适应的分区防御对策。

　　本书深入分析了我国山洪灾害防治形势，首次系统论述了以非工程措施为主，工程措施为辅的灾害防治综合对策措施，成为山洪灾害防灾减灾模式的雏形。随后，相关研究进一步细化了山洪灾害防御责任制度、防御预案编制、监测预警平台建设、宣传、培训和演练的具体内容，形成了系统的山洪灾害群治群防体系。

2.2.2　山洪灾害监测预警发展趋势

2.2.2.1　监测预警关键技术需求

　　纵观国内外研究现状，尽管目前山洪灾害监测预警关键技术的研发取得了一定的进展，但由于山区暴雨洪水形成、致灾方式机理还不甚清楚，导致监测预报预警技术体系建设上存在一定问题，主要表现为：监测预警设施适应性实用性差，预报不准，数据传输漏报迟缓，预警不及时，应急抢险处置时效不高等。因此，研发构建适应山区环境，实用、先进的山洪立体监测和动态预警技术体系，构建区域稳定、适用的山洪灾害防灾减灾救灾模式，是十分必要和迫切的。

　　长江水利委员会长江科学院承担的"十三五"重点研发计划"山洪灾害监测预警关键技术与集成示范"，拟通过多学科交叉融合、宏观和微观结合、野外定位观测、室内实验及数值模拟等技术，从过程机理研究-技术研发-模式构建-应用示范四个层面开展山洪灾害监测预警关键技术科研攻关与应用示范，为提升国家防灾减灾救灾能力、保障山丘区人民生命财产安全提供科技支撑。项目技术路线图如图 2-2 所示。

2.2.2.2　物联网技术在监测预警中的应用

　　物联网是集合无线传感器和射频识别技术（radio frequency identification，RFI）发展起来的新型网络技术，其体系主要由感知层、传输层、处理层和应用层组成。在山洪灾害监测预警过程中，感知层利用无线传感器和射频识别技术对雨量、地表变化信息进行实时采集；传输层通过多渠道将采集的信息传输到数据处理层；处理层对数据进行全面分析处理，为决策提供支撑；应用层与用户交互，发布预警信息。

　　当前，物联网技术在山洪灾害监测预警中的应用研究主要集中在传统雨量、水位、土壤水监测仪器改造，自组网通信技术在信息传输的应用以及监测预警云平台设计中。由于物联网技术具有泛在感知、可靠传送和智能处理等优点，其在山洪灾害防治关键技术的创新与实施，能有效实现山洪多要素实时动态监测、信息多链路应急传输以及多指标动态预警。目前，物联网技术在山洪灾害监测预警领域中的应用尚处于起步阶段，还存在与传统系统接口不匹配、传感器电池续航不足、仪器设备开发费用高和缺乏统一建设标准等问题，在山洪灾害防治方面发挥的效益亟待进一步研究。

2.2.2.3　"自然-社会"二元灾害防治范式

　　气候变化和人类活动是影响流域水文循环过程的两大驱动因素，气候变化通过影响降雨、温度等水循环要素来影响小流域暴雨-洪水过程，人类活动则通过改变下垫面条件影响小流域产汇流机制。小流域暴雨径流过程是山洪灾害发生的直接原因，其时空变化特征

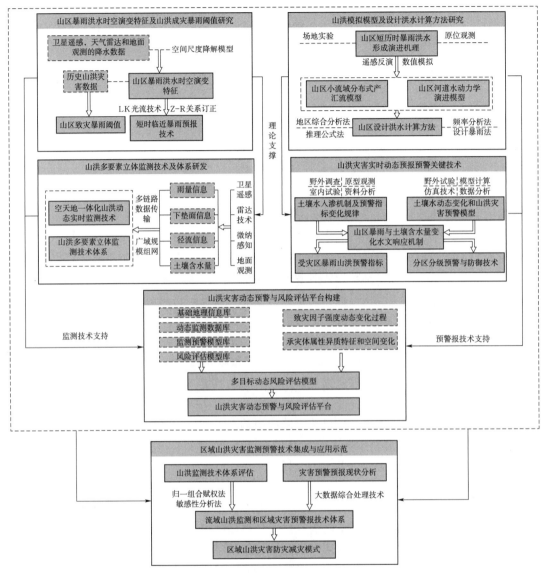

图 2-2　项目技术路线图

决定了山洪灾害的时空分布情况。近年来，全球气温升高引起高纬度地区降雨增加，短时暴雨和雨强增大，导致我国水文极端事件频发；同时人类活动引起流域下垫面改变，增加小流域不透水性，造成面雨量汇集能力加大，使山洪洪峰量增加。上述因素造成山洪灾害突发性增强，增加山洪灾害防治难度。

受自然和人为要素影响，山洪灾害过程呈现越来越强的"自然-社会"二元特性。以"自然-社会"演变为基础的二元山洪灾害防治范式应充分考虑气候变化和人类活动影响。防治范式的驱动力体现为自然和人工驱动力的耦合，灾害形成不仅受自然降水过程影响，还受制于人类活动。因此，灾害防治措施也具有二元化特征，既从灾害本身出发，采取工程和非工程措施减缓其发生，也应从防灾对象出发，采用金融和保险等手段，降低防灾对象风险。

2.3　小　结　与　展　望

近年来，随着气候变化和人类活动的影响，山丘区环境恶化，山洪灾害加剧，极大地威胁了山丘区人民生命财产安全和社会经济稳定。当前国内外在山区暴雨洪水过程模拟、监测预警技术研发和防灾减灾模式建设方面取得了诸多成果，但其在小流域非线性山洪过程模拟、坡面产流与河道洪水传播过程耦合、临界雨量计算不确定性、山洪要素实时监测与稳定传输等方面仍显不足，制约了山洪灾害防御体系的完善。本章系统梳理和总结了国内外研究进展，提出今后研究需要从以下几方面加强：

（1）考虑山洪灾害监测预警技术体系研发的实际需求，综合过程机理研究、技术研发、模式构建、应用示范四个层面开展山洪灾害监测预警关键技术科研攻关与应用示范，充分考虑山洪灾害监测预警仪器环境适应性和运行稳定性，开发能适应复杂山区环境和抵御山洪灾害损毁的监测预警体系。

（2）加强物联网技术在山洪灾害监测预警领域的应用，充分利用物联网技术泛在感知、可靠传送和智能处理等优点，发挥其在山洪灾害防治中的创新与实施，解决山洪灾害监测预警信息实时应急传输的问题。

（3）受自然和人为要素影响，山洪灾害防治应充分考虑"自然-社会"二元特性，在采取工程/非工程措施防治自然灾害的同时，考虑采用经济、保险等"社会"属性工具进行灾害防治。

第 3 章

示范流域山洪灾害形成要素辨识

　　根据《全国山洪灾害防治规划》中全国山洪灾害防治区划总体上分为 3 个一级区和 12 个二级区，示范区分别选取东部季风区的西南地区（I8）都江堰市白沙河流域、黄土高原区（I3）子洲县岔巴沟流域、秦巴山地区（I4）丹江口市官山河流域、华南地区（I7）望谟县望谟河流域、东南沿海区（I6）高州市马贵河流域为例，通过 GIS 地学统计、流域分析、面向对象与人机交互解译、综合叠加分析等方法，对流域下垫面要素（地形、坡度、河网、土地利用类型）、潜在受灾人口特征进行提取。

3.1　研究区概况、数据和方法

3.1.1　研究区概况

　　白沙河流域属于西南地震作用区，地处四川省都江堰市境内，位于东经 103°34′33.6″～103°43′1.2″、北纬 31°01′12″～31°22′4.8″，流域总面积为 362km²，覆盖原虹口乡、原紫坪铺镇（现并入龙池镇）21 个行政村，总人口为 15618 人，3904 户。白沙河是岷江上游左岸的一级支流，白沙河主沟长度为 48.2km，境内现运行监测站有 2 个水文站和 5 个简易雨量站。

　　岔巴沟流域属于黄土高原超渗产流区，横跨陕西省子洲县、米脂县，位于东经 109°47′20.4″～110°2′20.4″、北纬 37°37′48″～37°47′45.6″。流域总面积为 205km²，覆盖三川口镇、西庄乡以及小部分榆林、米脂地区，共有 33 个行政村，总人口为 24838 人，6210 户。岔巴沟是大理河一级支流、无定河二级支流，主沟长度约为 26.6km，主沟、支沟相汇夹角约为 60°，自然地理区划属黄土丘陵沟壑区第一副区。据统计，2017 年 "7·25" 山洪是子洲县历年发生的最严重的洪涝灾害，子洲县城区大多数车辆被损，全城水电中断，大水漫桥，造成大范围积水和泥沙淤积。

　　官山河流域属于秦巴山地水源保护区，地处湖北省丹江口市西南部、房县北部，位于东经 110°48′00″～111°34′59″、北纬 32°13′16″～32°58′20″。流域总面积为 319.6km²，覆盖 15 个行政村，总人口为 14619 人，3854 户。官山河主沟长度约为 14.2km，其他河流有袁家河、吕家河、西河等。流域上游有官山河水库、孤山水文站，均不在流域境内。据统计，1975 年以来官山河流域共发生 12 次山洪灾害，2012 年 "8·5" 洪水是历年最严重的山洪灾害，波及 9 个村，死亡 3 人，造成直接经济损失约 2.3 亿元。

　　望谟河流域属于华南喀斯特地貌区，地处贵州省望谟县，位于东经 106°2′42″～

$106°11'20.4''$、北纬 $25°9'10.8''\sim25°23'2.4''$。流域总面积为 $244.2km^2$，覆盖复兴镇（望谟县城区）、新屯镇、打易镇，共有 28 个行政村，总人口为 26500 人，6622 户。望谟河属北盘江一级支流，发源于望谟县打易镇打易村，由主沟和 6 条支沟组成，主沟长度为 21.7km，境内现运行 13 个监测站。

马贵河流域属于东南沿海台风影响区，地处广东省高州市东北部，位于东经 $111°14'24''\sim$ $111°22'40.8''$、北纬 $22°8'2.4''\sim22°18'46.8''$。流域总面积为 $164.5km^2$，覆盖整个马贵镇、古丁镇和小部分大坡镇，共有 21 个行政村，总人口为 43500 人，10882 户。马贵河主沟长度为 19.6km，境内现运行 6 个监测站。2010 年 9 月 21 日，受"凡亚比"台风及其减弱后的低压降雨云系影响，马贵河流域发生了特大山洪、泥石流、滑坡等灾害，大部分交通和水利设施被破坏，洪水漫滩上岸 $4\sim5m$，死亡 73 人，房屋倒塌 8337 间，造成直接经济损失约 22 亿元。

3.1.2　研究数据

白沙河、岔巴沟、官山河、望谟河、马贵河 5 个流域，试验数据包括 5 个流域的 DEM、GF-1 遥感影像、范围图、水系图、涉及的县级行政区划图和涉及的县级统计年鉴（2018 年），详见表 3-1。

表 3-1　　　　　　　　　　　　**5 个流域研究区的试验数据**

序号	数据名称	数据格式	参数说明	来源
1	流域 DEM	栅格	栅格大小 20m×20m，符合 GB/T 17278，CH/T 1015.2 标准	购买自高分辨率对地双测系统湖北数据与应用中心（简称）"高分湖北中心"
2	流域 GF-1 遥感影像	栅格	全色空间分辨率 2m，多光谱空间分辨率 8m，比例尺 1∶50000，时间是 2018 年 5 月	购买自高分湖北中心
3	流域范围图	矢量	流域矢量边界数据	省级测绘局提供
4	流域水系图	矢量	包含河流、湖泊、水库，比例尺 1∶50000	省级测绘局提供
5	流域涉及的县级行政区划图	矢量	包含县（市、区）界、乡镇界、村界、市址、乡镇址及村址等，比例尺 1∶50 000	省级测绘局提供
6	流域涉及的县级统计年鉴（2018 年）	纸质	包含县（市、区）及各乡镇社会经济情况、人口数量等	购买自省级统计局

3.1.3　研究方法

3.1.3.1　地形统计分析

地形统计分析是指对描述地形特征的各种可量化的因子或参数进行相关、回归、趋势面、聚类等统计分析，发现各因子或参数的变化规律和内在联系。本试验主要对 DEM、坡度进行统计分析，包括研究区的最大（小）值、均值和区间分布设计。上述分析均在 ArcGIS 中实现。

（1）最大（小）值、均值统计。最大（小）值、均值统计用 Spatial Analyst Tools→ Zonal→Zonal Statistics As Table 模块实现。分别统计岔巴沟、官山河、白沙河、马贵河、望谟河流域的 DEM/坡度均值、坡度最大值。

（2）区间分布统计。

1）分别对岔巴沟、官山河、白沙河、马贵河、望谟河流域的 DEM 进行分级，依次为＜200m、200～500m、500～1000m、1000～3500m、＞3500m，分别对应平原、丘陵、低山、中山、高山 5 类地貌。

2）分别对岔巴沟、官山河、白沙河、马贵河、望谟河流域的坡度进行分级，DEM 分级采用等间距分级，坡度按照《水土保持综合治理规划通则》GB/T 15772—2008 分为 0°～5°、5～8°、8～15°、15～25°、25～35°、＞35° 6 级，分别对应微坡、较缓坡、缓坡、较陡坡、陡坡、急陡坡。

3）对分级后 5 个流域的 DEM/坡度进行重分类，用 Spatial Analyst Tools→Reclass→Reclassify 模块实现。

4）对分级分类后 5 个流域的 DEM/坡度进行区间面积统计，用 Spatial Analyst Tools→Zonal→Tabulate Area 模块实现。

3.1.3.2　流域河网密度计算

基于 DEM 数据，经过洼地填充、水流方向计算、汇流累积量计算、集流阈值设置、河网提取、河网分级、河网密度计算。

（1）洼地填充：分别对岔巴沟、官山河、白沙河、马贵河、望谟河流域 DEM 进行洼地填充，运用 Hydrology→Fill 模块实现。

（2）水流方向计算：基于填充后的 DEM，运用 Hydrology→Flow Direction 模块计算 5 个流域的水流方向。

（3）汇流累积量计算：基于填充后的 DEM 和水流方向，分别计算 5 个流域的汇流累计量，运用 Hydrology→Flow Accumulation 实现。

（4）集流阈值设置：集流阈值设置是提取河网的关键，根据经验和统计分析，这里设置集流阈值 2000 合适。

（5）河网提取：运用 Spatial→Raster Caculator 提取河网，进行栅格矢量化、人工修正，获得矢量河网数据。

（6）河网分级：河网分级是利用数字标识的方式标注主沟、支沟之间的等级关系。这里运用 Hydrology→Order 模块实现。

（7）河网密度计算：统计（5）中矢量河网总长度，利用流域河网总长度/流域总面积，获得各流域的河网密度。

3.1.4　土地利用类型解译

土地利用类型解译使用面向对象分类与人机交互方法，面向对象分类最重要的特点是分类最小单元是由图像分割得到的同质影像对象，不是单个像素。人机交互修正是对计算机自动解译后的分类成果进行检查、修改边界、类型和属性信息。本次使用的软件平台是 eCognition 和 ArcGIS 软件相结合。面向对象分类与人机交互技术路线如图 3-1 所示。

（1）图像分割。图像分割是根据影像的部分特征，将一幅影像分成若干"有意义"、互不交叠的区域，这些特征在某一区域内表现一致或相似，在不同区域间表现差异。目前，图像分割算法有多尺度分割、棋盘分割、四叉树分割、光谱差异分割等，这里采用多

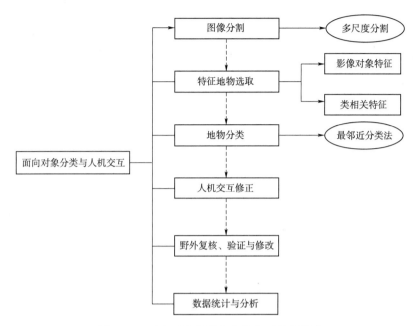

图 3-1　面向对象分类与人机交互技术路线

尺度分割算法。

（2）特征地物选取。对分割后的地物进行归类，要对特征进行定义，采用定义训练区或建立规则。分类过程中用到两类特征：影像对象特征和类相关特征。影像对象特征指与一个对象关联、表述其信息的特征，如颜色、形状、位置、纹理等，用于训练样本采集和特征标志库建立。类相关特征是一个类与整个层次结构中的类关联表述。

（3）地物分类。地物分类指根据一定样本数量及其属性信息，选择分类器进行特征提取。常用的面向对象分类器有最邻近分类法、支持向量机和决策树分类等。这里选用最邻近分类法，其原理是在特征空间中，计算待分类影像对象与各地类训练样本之间的距离，寻找与待分类影像对象距离最近的样本对象，将该待分类对象归属到最近样本对象所在的类别，以此完成对整个图像的分类。

（4）人机交互修正。在 eCognition 中完成影像自动分类后，将分类成果导入 ArcGIS，空间叠加 GF-1 影像，进行人工检查、核对、编辑修改错误边界及属性，部分编辑可用软件自动处理功能，完成对影像的人机交互修正工作。

（5）野外复核、验证与修改。对室内解译成果，开展野外调查，实地验证、复核后，对土地利用成果进一步修改、完善，形成土地利用矢量图。

（6）数据统计与分析。对土地利用矢量数据进行栅格化、空间叠加，统计分析其特征。

3.1.5　潜在受灾房屋、人口分析

房屋是山洪灾害的主要承灾体，潜在受灾房屋分布、受灾人口估计是山洪灾害预警的前提和关键。潜在受灾房屋提取、受灾人口估算方法如下：

（1）提取居民房屋层。在土地利用类型矢量图层中，选中、抽取所有居民建筑物图斑，单独作为居民房屋矢量图层。

（2）提取主要河网沟道。基于 DEM，使用 ArcGIS→Spatial Analyst Tools→Hydrology 模块提取矢量河网，结合土地利用中水域，抽离主要河网沟道，作为河道矢量图层。

（3）确定灾害危险带。根据野外实地调查、测量，确定沟道两侧 200m 缓冲范围为潜在山洪灾害危险带。

（4）综合空间叠加分析。将居民房屋矢量图、潜在山洪灾害危险带矢量图进行空间叠加分析，从居民房屋矢量图层中剔除危险带外的居民房屋图斑，得到初步受灾房屋矢量图层。

（5）剔除非受灾房屋。经野外调查、测量，确定高于河道 50m 以上为安全区。将初步受灾房屋矢量图、高精度地形等高线图进行空间叠加分析，从初步受灾房屋矢量图层中剔除高于河道 50m 高差的房屋图斑，得到潜在受灾房屋矢量图。

（6）确定潜在受灾村落。将潜在受灾房屋矢量图、流域行政区划图进行空间叠加分析，获得潜在受灾村落，统计各村受灾房屋占地面积。

（7）估算潜在受灾人口。利用统计年鉴、流域总房屋面积，计算流域人均房屋占有面积；结合各村受灾房屋面积、每户平均人口分别计算各村的受灾人口和受灾户数。

3.2　示范流域山洪灾害形成要素时空分布特征研究

通过开展 5 个示范流域的野外调查考察，分析流域的地形、植被、降雨等山洪灾害形成要素的时空分布特征。

3.2.1　示范流域地形特征

基于示范流域 ASTER 30m 分辨率 DEM 数据，提取了坡度、地形起伏度、沟壑密度等地形指标。

3.2.1.1　坡度

不同流域的坡度差异明显（图 3-2 和表 3-2），岔巴沟流域坡度最为平缓，平均坡度为 15.79°，坡度主要分布于 5°～25°，占流域总面积的 82.93%，25°以上的陡坡面积占 10.49%；马贵河流域的坡度相对较缓，平均坡度为 20.63°，坡度主要分布于 5°～35°，占流域总面积的 91.83%；望谟河流域和官山河流域坡度分布特征相似，平均坡度分别为 23.21°和 24.00°，坡度主要分布于 15°～35°，分别占流域总面积的 64.90%和 72.86%，5°～15°的缓坡面积分别占 18.80%和 14.24%，坡度大于 35°的极陡坡面积比例分别为 13.20% 和 11.50%；白沙河流域的坡度最陡，平均坡度为 31.37°，主要为坡度大于 25°的陡坡，占流域总面积的 73.29%，其中坡度大于 35°的极陡坡面积占 40.07%，坡度小于 15°的缓坡仅占 8.76%。

表 3-2　示范流域坡度统计

示范流域	坡度分级百分比/%					平均值/(°)	标准差
	<5°	5°～15°	15°～25°	25°～35°	>35°		
白沙河	1.16	7.60	17.95	33.22	40.07	31.37	11.01
岔巴沟	5.74	42.81	40.12	10.49	0.84	15.79	7.311
官山河	1.40	14.24	40.23	32.63	11.50	24.00	9.03

续表

示范流域	坡度分级百分比/%					平均值/(°)	标准差
	<5°	5°~15°	15°~25°	25°~35°	>35°		
马贵河	3.26	23.79	41.75	26.29	4.92	20.63	8.70
望谟河	3.09	18.80	36.68	28.22	13.20	23.21	10.21

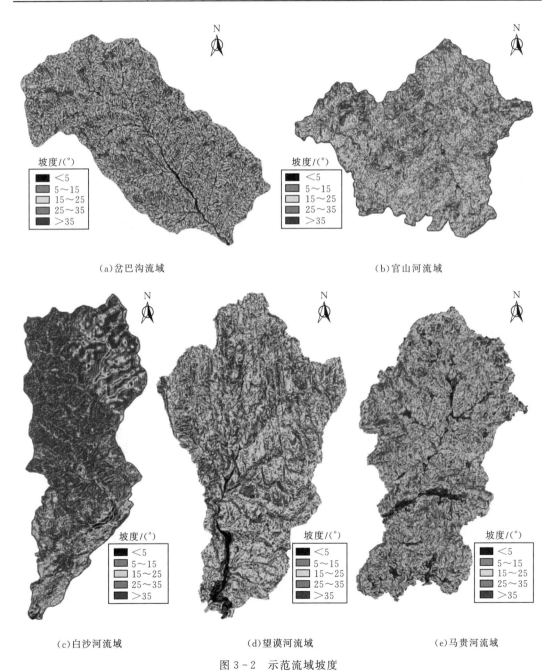

图3-2 示范流域坡度

3.2.1.2　地形起伏度

示范流域中，白沙河流域的地形起伏度最大，平均起伏度为 218.71m，地形起伏度主要在 200～500m 之间，占流域总面积的 62.64%；地形起伏度在 50～200m 之间所占的比例也较大，为 34.82%，与其中山地貌相适应。

示范流域的起伏度也存在较大差异（图 3-3 和表 3-3），岔巴沟流域地形起伏度最小，平均地形起伏度 74.78m，主要分布于 50～200m，占流域总面积的 92.30%，与其丘

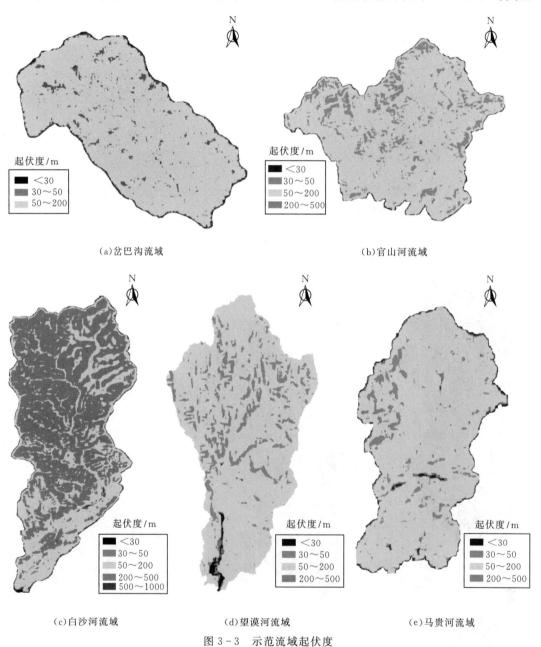

图 3-3　示范流域起伏度

陵沟壑地貌相适应；马贵河流域的地形起伏度相对较小，平均地形起伏度为 120.36m，主要分布于 50～200m，占流域总面积的 89.07%，另外有 5.38% 的区域地形起伏度为 200～500m，与其低山高丘山地地貌相适应；望谟河流域和官山河流域地形起伏度分布特征相似，平均为 146.51m 和 148.67m，地形起伏度主要分布于 50～200m，分别占流域总面积的 84.26% 和 83.06%，地形起伏度在 200～500m 之间的面积分别占 13.77% 和 14.14%，与其以丘陵为主，并伴有小起伏山地的地貌特征相适应。

表 3-3   示范流域起伏度统计

示范流域	起伏度分级百分比/%					平均值/m	标准差
	<30m	30～50m	50～200m	200～500m	>500m		
白沙河	1.36	1.17	34.82	62.64	0.01	218.71	77.03
岔巴沟	2.20	5.50	92.30			74.78	18.80
官山河	1.54	1.25	83.06	14.14		148.67	50.39
马贵河	2.47	3.08	89.07	5.38		120.36	47.07
望谟河	0.89	1.08	84.26	13.77		146.51	48.57

3.2.1.3 沟壑密度

示范流域中，岔巴沟流域的沟壑密度最大，为 2.31km/km²；其次为马贵河流域，沟壑密度为 2.24km/km²；官山河流域的沟壑密度为 2.10km/km²；白沙河流域的沟壑密度为 2.06km/km²；望谟河流域的沟壑密度最小，为 2.03km/km²。以上结果表明，沟壑密度与地貌类型有关，丘陵地貌更容易受到流水切割，从而形成侵蚀沟道。示范流域沟壑密度如图 3-4 所示。

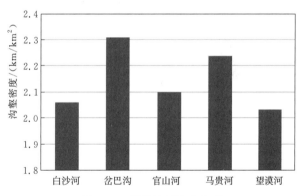

图 3-4 示范流域沟壑密度

3.2.2 示范流域植被特征

基于 MODIS 250m 分辨率 2000—2017 年 NDVI 数据产品，利用最大合成法分析了示范流域 NDVI 年内和年际变化特征。

示范流域 NDVI 值均表现为夏季高于其他季节，但不同流域具有一定差异（图 3-5）。官山河流域和望谟河流域 NDVI 值在 7 月最大，2 月最小；白沙河流域 NDVI 值在 8 月最大，2 月最小；岔巴沟流域、马贵河流域 NDVI 值在 9 月最大，3 月最小。为了进一步说明年内 NDVI 的波动性，以 1 月 NDVI 为基准，对 12 个月的 NDVI 进行初值标准化（图 3-6），结果表明，岔巴沟流域年内 NDVI 的波动性最大，8 月和 9 月的 NDVI 是 1 月的 3 倍左右；官山河流域年内 NDVI 也具有较大的波动性，NDVI 在 4 月增加到 1 月的 2 倍左右后，到 10 月基本保持稳定，白沙河和望谟河的 NDVI 年内变化具有相似性，波动性不大，马贵河的 NDVI 年内基本不发生波动。

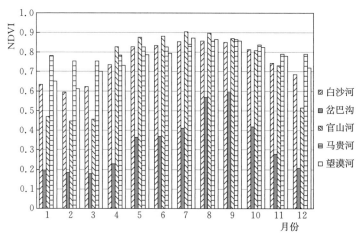

图 3-5　示范流域 NDVI 年内变化特征

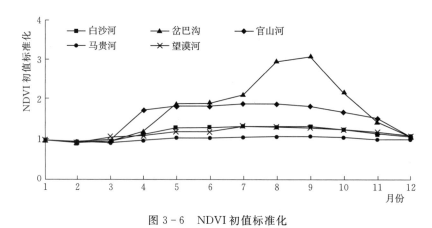

图 3-6　NDVI 初值标准化

从年际变化来看（图 3-7），2000—2017 年，白沙河流域 NDVI 呈减小趋势，其他流域均呈增加趋势，官山河流域呈微弱增加趋势，岔巴沟流域、马贵河流域和望谟河流域 NDVI 增加较为明显。

3.2.3　示范流域降雨特征

基于中国气象数据共享网中国地面气候标准值年值数据集（1981—2010 年）和中国地面气候标准值月值数据集（1951—2017 年），分析了示范流域降雨的年内和年际变化。

通过对 5 个示范流域的近 30 年的月降雨量进行统计分析，基本得出了 5 个示范流域的年内降水变化趋势（图 3-8）：从降雨量月份来看，降水主要集中在 6—9 月，其中高州市和望谟县是 6 月的降雨量最多，降雨量分别是 349.7mm 和 286.2mm，子洲市、丹江口市、都江堰市这三个区域 8 月降雨量最多，降雨量分别是 103.7mm、143mm、256.7mm；5 个区域降雨量最少的月份都是 12 月，高州 22.6mm、望谟 15.9mm、子洲 2.6mm、丹江口 16.5mm 和都江堰 12.5mm。

对 5 个示范流域不同降雨量日数进行分析后发现（图 3-9），日降水量≥0.1mm 的年平均日数为都江堰＞高州＞望谟＞丹江口＞子洲，分别为 182.2d、149.2d、144.5d、

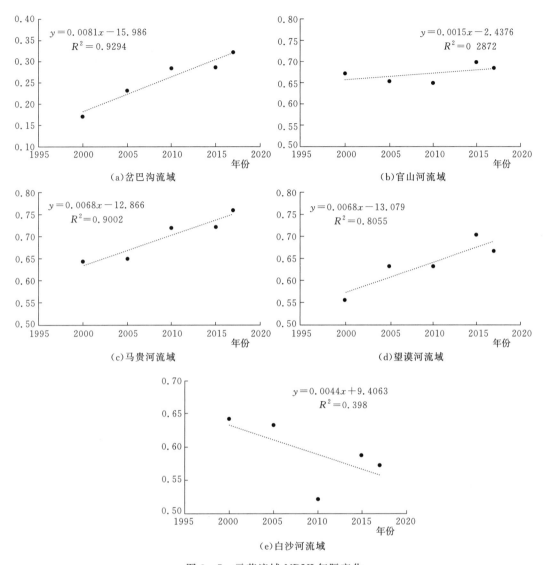

图 3-7　示范流域 NDVI 年际变化

108d、72d；日降水量≥1mm 的年平均日数同样为都江堰＞高州＞望谟＞丹江口＞子洲，分别为 118.9d、105.8d、94.2d，76.9d、48.3d；日降水量≥5mm 的年平均日数为高州＞望谟＞都江堰＞丹江口＞子洲，分别为 66.1d、50.9d、50.6d、22.8d、40.6d；日降水量≥25m 的年平均日数为高州＞望谟＞都江堰＞丹江口＞子洲：分别为 21.9d、14.2d、9.9d、7d、3.7d；日降水量≥50 的年平均日数为高州＞望谟＞都江堰＞丹江口＞子洲，分别为 7.7d、4.8d、3.2d、1.7d、0.9d；日降水量≥100mm、≥150mm 的降水出现日数较少。

从降雨量年际变化看，1951—2017 年，各示范流域中除马贵河流域外，年降雨量均呈减小趋势。都江堰降水量呈较明显减少趋势，平均每 10 年减少 27.47mm，都江堰平均降水量为 1183.8mm，年最大降水量为 1968.2mm（2013 年），年最小降水量为 713.1mm

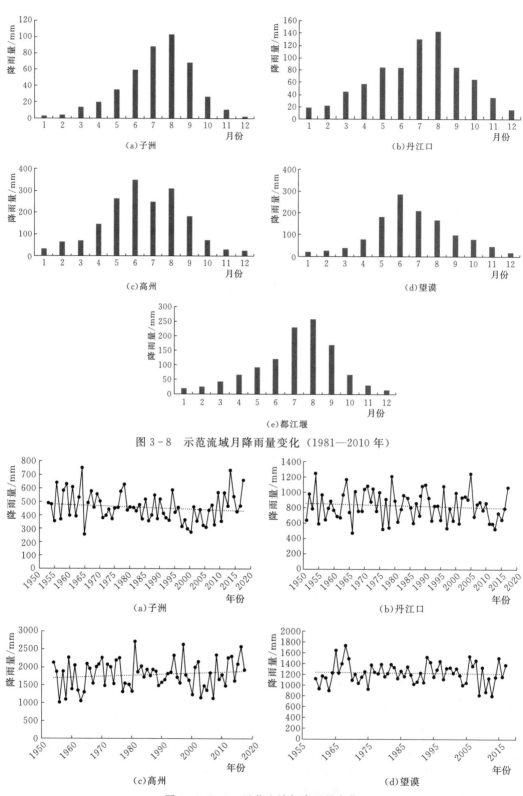

图 3-8 示范流域月降雨量变化（1981—2010 年）

图 3-9（一） 示范流域年降雨量变化

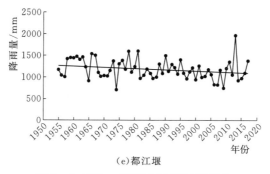

(e)都江堰

图 3-9（二）　示范流域年降雨量变化

（1974 年）。子洲年降水量呈不显著略减少趋势，平均每 10 年减少 7.64mm，子洲平均降水量 457.6mm，年最大降水量为 745.2mm（1964 年），年最小降水量为 254.4mm（1965年）。丹江口降水量呈不显著略减少趋势，平均每 10 年减少 8.89mm，丹江口平均降水量为 822.8mm，年最大降水量为 1243.7mm（1954 年），年最小降水量为 471.5mm（1966年）。高州降水量呈明显增加趋势，平均每 10 年增加 28.8mm，高州平均降水量为 1795.0mm，年最大降水量为 2718.5mm（1981 年），年最小降水量为 1024.1mm（1956年）。望谟降水量呈不明显减少趋势，平均每 10 年减少 4.24mm，望谟平均降水量为 1224.7mm，年最大降水量为 1737.7mm（1968 年），年最小降水量为 803.0mm（2013 年）。

3.3　山洪灾害要素提取

采用遥感解译手段，对官山河、岔巴沟、望谟河、马贵河和白沙河基础地理、水系、地形地貌、坡度、植被覆盖、土地利用、监测点分布和受灾房屋分布等信息进行提取。

3.3.1　官山河流域

官山河流域位于湖北省丹江口市西南部、房县北部，位于东经 110°48′00″～111°34′59″、北纬 32°13′16″～32°58′20″。流域总面积为 319.6km²。官山河流域共覆盖 15 个行政村落，其中丹江口市官山镇 12 个、武当山街道 1 个，房县土城镇 2 个。根据《丹江口市统计年鉴 2017》、人口房屋密度调查综合分析，官山河流域总人口为 14619 人，3854 户。境内主要有官山河、袁家河、吕家河、西河 4 条河流。最长河流长度约为 14.2km，河流总长度为 268.5km，河网密度约为 0.84km/km²。流域海拔为 240～1606m，主沟及支沟海拔为 240～600m，流域地势中间低，边缘高；最低点在官山河主沟内，最高点在流域西部与房县交接处（房县大湾沟村）。官山河流域坡度范围为 0°～53.8°，其中主沟及支沟坡度为 0°～8°，地形变化较小，近 50% 的地区坡度为 15°～25°。

基于 GF-1 影像计算植被覆盖度，流域平均植被覆盖度为 71.2%，官山河流域植被覆盖度较高，大部分地区为林地。基于 GF-1 影像，运用人机交互方式解译官山河流域土地利用，官山河流域主要土地利用类型为林地、草地、园地、水田、旱地、梯田、水域、道路、裸地、裸岩、居民地建筑物（房屋）。其中林地占总面积的 92.18%，旱地占总面积的 1.87%，梯田占总面积的 1.87%，居民地建筑物占总面积的 1%，水域占总面积的 0.87%，裸地占总面积的 0.34%。山洪灾害重点承载体房屋占地面积为 190.64hm²，占总面积的 1%。

官山河流域共有 18 个监测站点，其中 1 个水文站（孤山水文站）、1 个水位站（吕家河水位站）、1 个自动雨量站、5 个简易雨量站、10 个无线预警广播站。综合分析得到潜在受灾房屋主要集中在五龙庄、大河湾、赵家坪、吕家河、马蹄山、西河、官亭、骆马沟、铁炉、杉树湾、田畈、孤山等 12 个村落，需做好重点预警和防范，官山河流域存在潜在受灾总人口 8106 人，2023 户。官山河流域行政区划、水系、地形地貌、坡度、植被覆盖、土地利用、监测站点分布、潜在受灾房屋分布如图 3-10～图 3-17 所示。

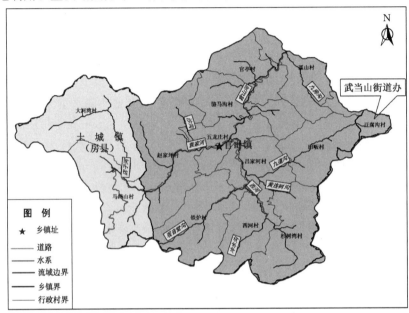

图 3-10　官山河流域行政区划图

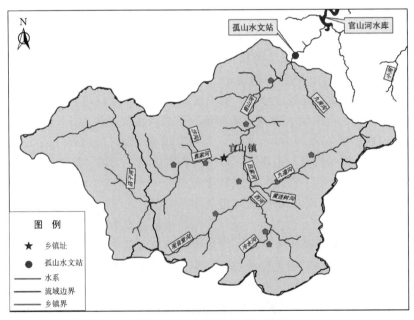

图 3-11　官山河流域水系图

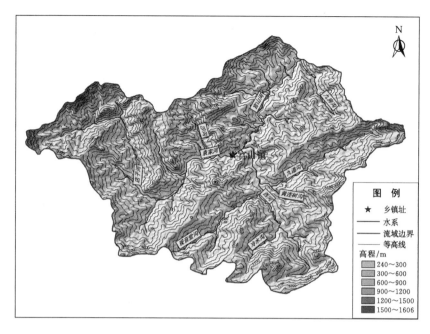

图 3-12 官山河流域地形地貌图

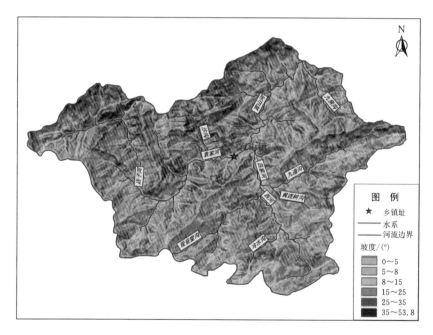

图 3-13 官山河流域坡度图

3.3.2 岔巴沟流域

岔巴沟横跨陕西省子洲县、米脂县,位于东经 $109°47'20.4''\sim110°2'20.4''$、北纬 $37°37'48''\sim37°47'45.6''$。岔巴沟长度约 26.6km,平均宽度 7.71km,流域总面积为 $205km^2$,其中干沟、支沟相汇夹角约为 $60°$。流域内有 2 个乡镇,一是下游的三川口镇,

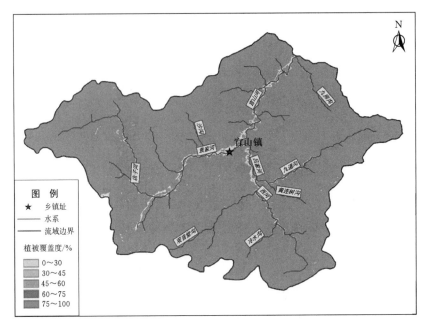

图 3-14 官山河流域植被覆盖图

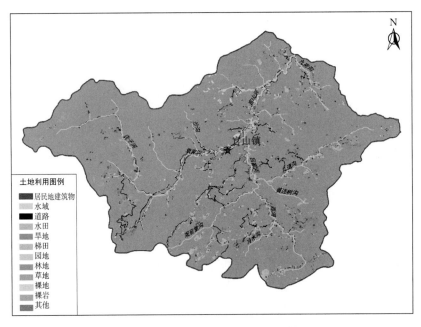

图 3-15 官山河流域土地利用图

二是上游的西庄乡，除三川口、西庄外，在上游的分水岭部分尚有小部地区归陕西省的榆林及米脂所属。有曹坪村、新庄、刘卯、尚家沟、马王庙沟、务庄、罗沟等 35 个村落，全流域总人口为 24838 人，户数为 6210 户。

　　岔巴沟流域的沟网由岔巴沟主沟和 11 条一级支沟组成，其中左岸从下游至上游依次分布着麻地沟、团山沟、蛇家沟、驼尔项沟、常家园子沟等 7 条一级支沟，右岸从下游至

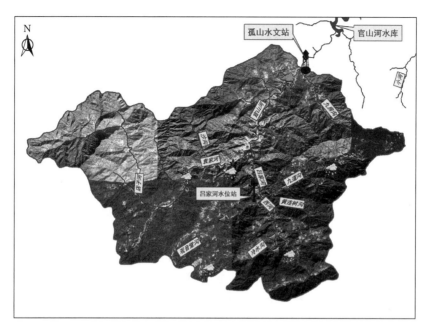

图 3-16　官山河流域监测站点分布图

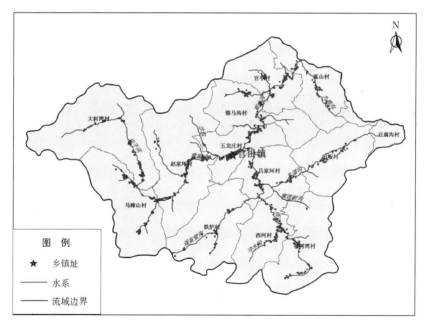

图 3-17　官山河流域潜在受灾房屋分布图

上游依次分布着马家沟、刘家沟、杜家沟岔、石门沟 4 条一级支沟。岔巴沟流域海拔为903～1273m。34% 的地区海拔为 1050～1100m，23% 的地区海拔为 1000～1050m，22%的地区海拔为 903～950m。流域呈两侧对称，主沟中间低、两侧高，流域上游地势高、下游地势低。岔巴沟流域坡度范围为 0°～39.5°，其中主沟坡度为 15°～25°。45% 的地区坡度为 8°～15°，24% 的地区坡度为 15°～25°，18% 的地区坡度为 5°～8°。

基于 GF-1 影像，解译岔巴沟流域土地利用结果显示：岔巴沟流域主要土地利用类型为林地、草地、旱地、居民地建筑物、道路、水域、裸地及其他类型。其中林地占总面积的 31.96%，旱地占总面积的 28.3%，草地占总面积的 34.55%，居民地建筑物占总面积的 1.57%，水域占总面积的 1.07%，裸地占总面积的 0.42%。岔巴沟流域主要土地利用类型为林（草）地，山洪灾害重点承载体房屋占地面积为 322.9hm^2，占总面积的 1.57%。

流域内现有运行的水文站 1 个，为曹坪水文站；雨量站有 11 个，分别为牛薛沟站、万家嫣站、王家嫣站、朱家阳湾站、桃园山站、姬家签站、杜家山站、马家嫣站、刘家坬站、辛家嫣站。曹坪水文站位于流域出口处，该站为国家水文站，控制面积 187km^2，沟道长度 24.1km，流域平均宽度 7.22km，沟壑密度 1.05km/km^2，流域形状基本对称。利用居民地房屋、水系、地形进行综合分析，获得岔巴沟流域潜在受灾房屋。潜在受灾房屋主要集中在岔巴沟下游（刘家沟分支处—主沟出水处）两侧、刘家沟、米脂前沟、团山沟、马家沟、麻地沟两侧地势较低位置，其中岔巴沟下游（刘家沟分支处—主沟出水处）、米脂前沟、团山沟、马家沟、麻地沟受灾相对集中、密集。岔巴沟流域潜在受灾行政村落有曹坪村、新庄、刘卯、尚家沟、马王庙沟、务庄、牛薛沟村、钟庄、王崖、石畔上、王家沟、蛇沟村、段家川、川崖根、阳湾村、三川口镇、前米脂村、杜沟岔村、白渠、楼坪村、太阳坬等 21 个村。岔巴沟流域存在潜在受灾总人口 14476 人，3619 户。岔巴沟流域行政区划、水系、地形地貌、坡度、土地利用、受灾房屋分布如图 3-18～图 3-23 所示。

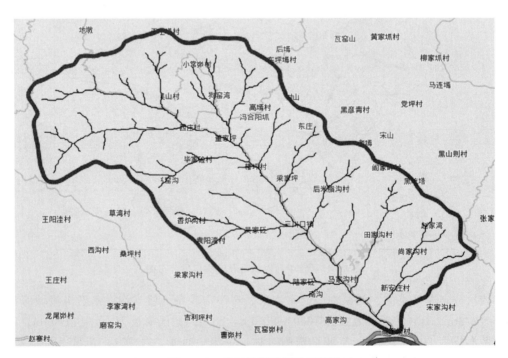

图 3-18　岔巴沟流域行政区划图

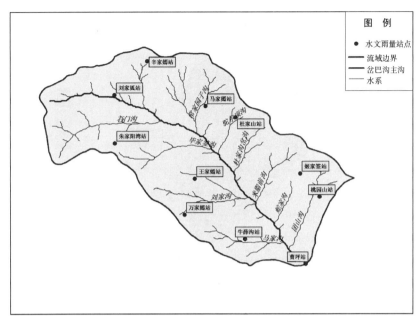

图 3-19 岔巴沟流域水系图

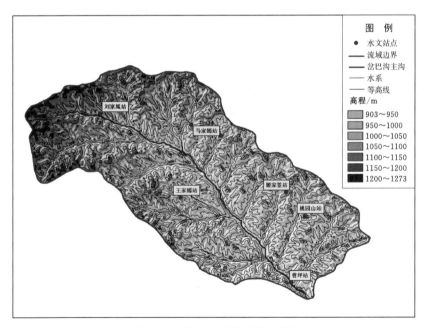

图 3-20 岔巴沟流域地形地貌图

3.3.3 望谟河流域

望谟河流域地处贵州省望谟县，位于东经 106°2′42″～106°11′20.4″、北纬 25°9′10.8″～25°23′2.4″。望谟县城区位于望谟河中段，望谟河流域总面积为 244.2km²。望谟河流域有王母街道、下弄腊、河贝、青艾、东岩村、下鸳鸯寨、新屯寨、牛项包、纳盘、大云村等 31 个行政村。流域总人口为 26488 人，6622 户。

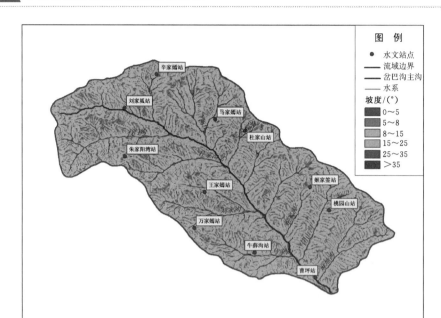

图 3-21 岔巴沟流域坡度图

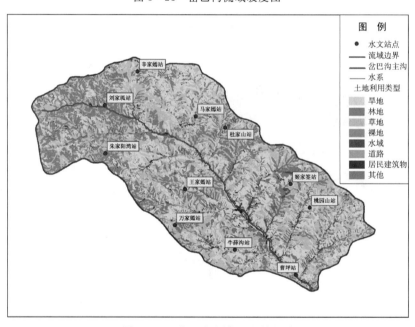

图 3-22 岔巴沟流域土地利用图

望谟河流域的沟网由望谟河主沟和 6 条支沟组成，望谟河为其主要河流。望谟河流域海拔为 513～1682m，29% 的地区海拔为 1000～1200m，27% 的地区海拔为 1200～1400m，20% 的地区海拔为 800～1000m。流域主沟地势低，流域中部和南部地势低，东部、东北部地势高。最低点在望谟河流域出口，在望谟县城区。望谟河流域坡度范围为 0°～90°，其中主沟坡度为 0°～25°。望谟县城区坡度较低为 0°～8°，主沟两侧坡度较高。43% 的地区坡度为 15°～25°，25% 的地区坡度为 25°～35°，19% 的地区坡度为 8°～15°。

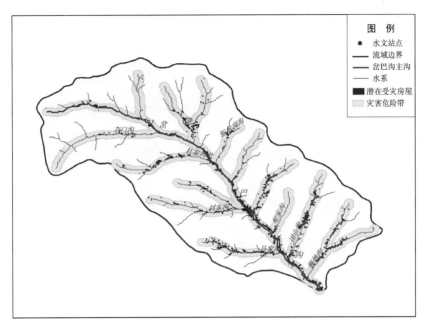

图 3-23　岔巴沟流域潜在受灾房屋分布图

基于 GF-1 影像，解译望谟河流域土地利用，结果显示：望谟河流域主要土地利用类型为林地、草地、旱地、水田、居民地建筑物、道路、水域、裸地、裸岩及其他类型。其中林地占总面积的 69%，旱地占总面积的 9%，草地占总面积的 11%，居民地建筑物占总面积的 3%，梯田占总面积的 3%，裸地占总面积的 0.34%。望谟河流域主要土地利用类型为林（草）地，山洪灾害重点承载体房屋占地面积为 800.3hm²，占总面积的 3%。

流域内现有运行的监测站点有 13 个，其中水文站有 3 个，分别为望谟县城王母桥水位站、新屯镇石头寨大桥水位站和打易镇水位站；雨量站有 8 个，分别为复兴镇弄纳雨量站、新屯镇弄林雨量站、新屯镇新屯雨量站、新屯镇小米地雨量站、新屯镇纳林雨量站、新屯镇纳包雨量站、新屯镇唐家坪雨量站、打易镇毛坪雨量站；1 个微型雨雷达监测站；1 个山体滑坡监测站，仪器有测斜仪、拉线位移计、渗压计。利用居民地房屋、水系、地形进行综合分析，获得望谟河流域潜在受灾房屋。潜在受灾房屋主要集中在望谟河主沟接近出水口处，望谟县县城（复兴镇）、新屯镇。潜在受灾行政村落主要集中在王母街道、下弄腊、河贝、东岩村、新屯镇区、纳王、纳包、纳坝、坝师、蒋家坡 10 个村存在潜在受灾。望谟河流域存在潜在受灾总人口为 12980 人，3245 户。望谟河流域行政区划、水系、地形地貌、坡度、土地利用、潜在受灾房屋分布如图 3-24～图 3-29 所示。

3.3.4　马贵河流域

马贵河流域地处广东省高州市东北部山区，位于东经 111°14′24″～111°22′40.8″、北纬 22°8′2.4″～22°18′46.8″。马贵河流域面积为 164.5km²。马贵河流域包含整个马贵镇、古丁镇和大坡镇的一小部分，有里山、干河、高山场、垌尾、秋风垌、石门、马贵镇区、山塘、河六岭、归尔坑、高头垌、牛蛐窝、牛塘坳、岗坳、死佬坳、大西、蓝蓬、葫竹坪、横岗坑、人头桶、榕树窝 21 个村落。马贵河流域总人口数为 43531 人，10882 户。

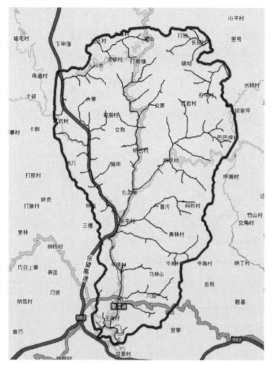

图 3-24 望漠河流域行政区划图

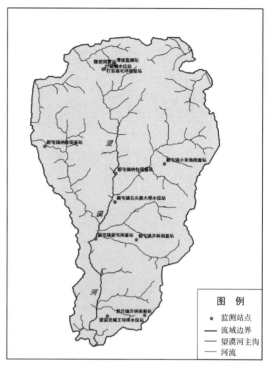

图 3-25 望漠河流域水系图

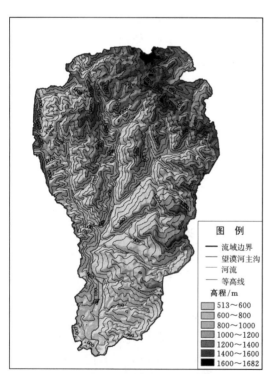

图 3-26 望漠河流域地形地貌图

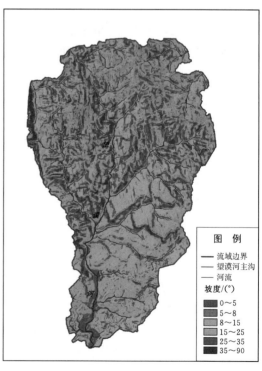

图 3-27 望漠河流域坡度图

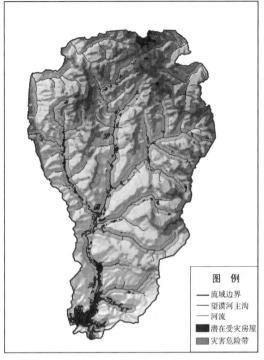

图 3-28 望谟河流域土地利用图　　　　　图 3-29 望谟河流域潜在受灾房屋分布图

马贵河流域沟网由马贵河主沟和 10 条支沟组成。马贵河为其主要河流，主沟长度约为 19.6km。马贵河流域属低山高丘山地地貌，流域海拔为 186～1601m。48% 的地区海拔为 300～600m，31% 的地区海拔为 600～900m，13% 的地区海拔为 900～1200m。流域主沟地势低，流域中部和东部地势低，西北部地势高，最低点在望谟河流域出口。基于 DEM 数据提取马贵河流域坡度结果显示：马贵河流域坡度范围为 0°～90°，其中主沟坡度为 5°～8°；主沟坡度低，两侧坡度较高。44% 的地区坡度为 15°～25°，26% 的地区坡度为 8°～15°，16% 的地区坡度为 25°～35°。

基于 GF-1 影像，解译马贵河流域土地利用，结果显示：马贵河流域主要土地利用类型为林地、草地、旱地、水田、居民地建筑物、道路、水域、裸地、裸岩及其他类型。其中林地占总面积的 76%，草地占总面积的 8%，居民地建筑物占总面积的 2%。马贵河流域主要土地利用类型为林（草）地，山洪灾害重点承载体房屋占地面积为 355hm²，占总面积的 2%。

流域内现有运行的监测站点有 6 个，其中滑坡监测站有 2 个，泥石流监测站 2 个，洪水监测站 2 个。利用居民地房屋、水系、地形进行综合分析，获得马贵河流域潜在受灾房屋。潜在受灾房屋主要集中在里山、干河、秋风峒、马贵镇区、河六岭、高头峒、牛蛐窝、牛塘坳、大西、葫竹坪 10 个村落。马贵河流域存在潜在受灾总人口为 33083 人，8270 户。马贵河流域行政区划、水系、地形地貌、坡度、土地利用、潜在受灾房屋分布如图 3-30～图 35 所示。

图 3-30 马贵河流域图

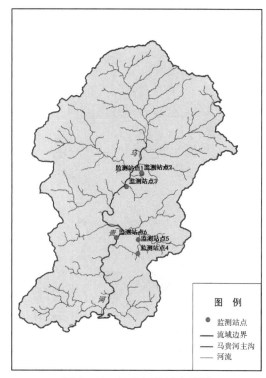

图 3-31 马贵河流域水系图

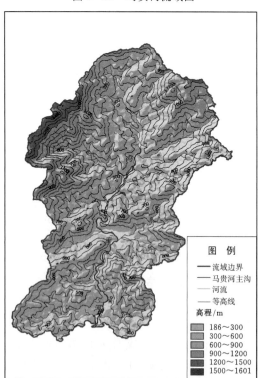

图 3-32 马贵河流域地形地貌图

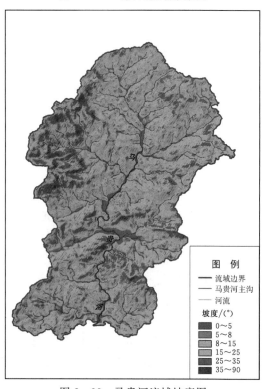

图 3-33 马贵河流域坡度图

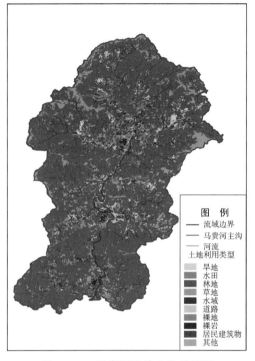

图 3-34　马贵河流域土地利用图

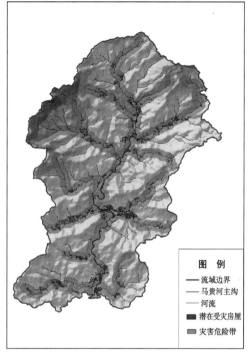

图 3-35　马贵河流域初步受灾房屋分布图

3.3.5　白沙河流域

白沙河流域地处成都都江堰市境内，位于东经 $103°34′33.6″\sim103°43′1.2″$、北纬 $31°01′12″\sim31°22′4.8″$。白沙河流域面积为 $362km^2$。白沙河流域包含有村落有紫坪、大坪、杨柳坪、雷打石湾、八角庙、久红、蚂蝗岗、厚圣塔、深溪、红色、高原、虹口、甜竹坪、黄坡、大屋基、漆树坪、连三坎、联合、白茶坪、廖叶坪、紫荒坪 21 个村落。白沙河流域总人口数为 15618 人，3904 户。

白沙河流域的沟网由白沙河主沟及其支沟组成，白沙河为其主要河流，长度约为 37.1km。白沙河流域海拔为 $742\sim4464m$，相对高差 3722m。41％的地区海拔为 $1000\sim2000m$，38％的地区海拔为 $2000\sim3000m$，16％的地区海拔为 $3000\sim4000m$。流域主沟地势低，两侧地势高；流域中部和南部地势低，北部边缘地势高。最低点在白沙河流域出口。基于 DEM 数据提取白沙河流域坡度显示：白沙河流域坡度范围为 $0°\sim90°$，其中主沟坡度为 $0°\sim8°$。主沟坡度低，两侧坡度较高，流域普遍地势较高。39％的地区坡度大于 $35°$，33％的地区坡度为 $25°\sim35°$，19％的地区坡度为 $15°\sim25°$。

基于 GF-1 影像，解译白沙河流域土地利用，结果显示：白沙河流域主要土地利用类型为林地、草地、旱地、水田、居民地建筑物、道路、水域、裸地、裸岩及其他类型。其中林地占总面积的 84％，草地占总面积的 8％，居民地建筑物占总面积的 0.82％。白沙河流域主要土地利用类型为林（草）地，山洪灾害重点承载体房屋占地面积为 $297hm^2$，占总面积的 0.82％。

流域内现有运行的监测站点有 2 个，分别为大火地水文站和杨柳坪水文站。潜在受灾房屋主要集中在虹口、甜竹坪、高原、红色、深溪、厚圣塔、蚂蝗岗、久红、棕花、沙湾、杨柳坪、大坪、紫坪 13 个村落。白沙河流域存在潜在受灾总人口为 9614 人，2403 户。白沙河流域行政区划、水系、地形地貌、坡度、土地利用、受灾房屋分布如图 3-36～图 3-41 所示。

图3-36 白沙河流域行政区划图

图3-37 白沙河流域水系图

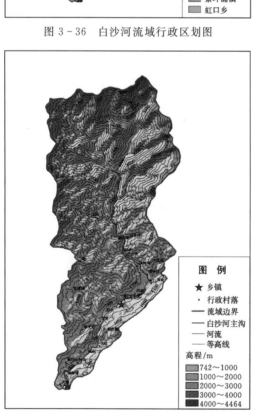

图3-38 白沙河流域地形地貌图

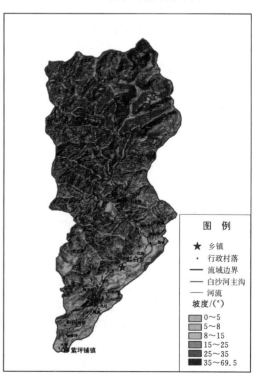

图3-39 白沙河流域坡度图

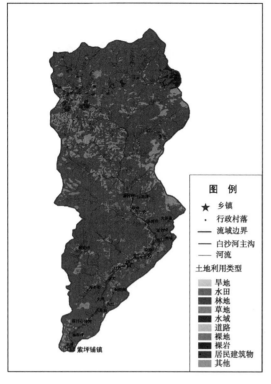

图 3-40　白沙河流域土地利用图　　　　图 3-41　白沙河流域潜在受灾房屋分布图

3.4　山洪灾害要素对比分析

将 5 个流域地形、坡度、河网、土地利用、潜在受灾房屋和人口等信息进行对比分析，研究对山洪灾害成灾过程的影响。

3.4.1　地形对比分析

将岔巴沟、官山河、白沙河、马贵河、望谟河 5 个流域 DEM 进行分类分级，依次分级<200m、200～500m、500～1000m、1000～3500m、>3500m，分别对应地貌为平原、丘陵、低山、中山、高山地貌。

分析可知：①岔巴沟流域主要地貌为中低山地貌，官山河流域地貌类型主要为低山丘陵地貌，白沙河流域地貌类型主要为中高山地貌，马贵河流域地貌类型主要为低山丘陵地貌，望谟河流域主要地貌类型为中低山地貌；②从地貌特征上看，极易发生山洪灾害的流域顺序依次为：白沙河流域、岔巴沟流域、望谟河流域、官山河流域、马贵河流域。

对 5 个流域各种地貌类型面积进行统计，结果如图 3-42 所示。

图 3-42 分析可知：①5 个流域地貌主要是山地，这是发生山洪灾害的基本地形条件；②白沙河流域地形最陡峭，主要为中山、高山地貌，是极易发生山洪灾害的地形条件；③岔巴沟、望谟河流域地形主要为中山、低山地貌，较白沙河流域其次；④官山河流

域地形主要为低山,马贵河流域低山、丘陵分布相当。

对5个流域高程均值进行统计,结果如图3-43所示,分析可知:①5个流域中,白沙河流域高程均值最大,其次为望谟河、岔巴沟、官山河流域,马贵河流域高程均值最小;②白沙河流域地势普遍较高,望谟河和岔巴沟流域次之,官山河、马贵河流域地形相差不大。

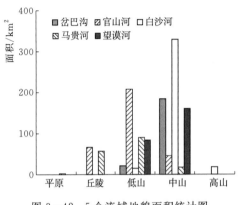

图3-42 5个流域地貌面积统计图

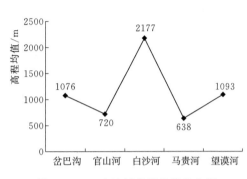

图3-43 5个流域高程均值分布图

3.4.2 坡度对比分析

将岔巴沟、官山河、白沙河、马贵河、望谟河5个流域坡度进行分类分级,依次

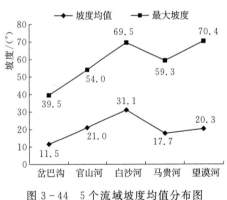

图3-44 5个流域坡度均值分布图

为0°~5°,5°~8°,8°~15°,15°~25°,25°~35°,>35°。5个流域坡度分布图如图3-44所示。同时对5个流域的平均坡度进行统计,如图3-44所示。

分析可知:①5个流域中,望谟河流域坡度最大值最高,其次为白沙河、马贵河、官山河流域,岔巴沟流域坡度最大值最小。②白沙河流域坡度均值最大,其次为望谟河、官山河、马贵河流域;岔巴沟流域坡度均值最小。③岔巴沟坡度最平缓,坡度逐级变化不显著,表现黄土高原梁峁地貌的特点;白沙河流域坡度普

遍较陡,白沙河、望谟河流域坡度逐级变化较大。

3.4.3 河网对比分析

将岔巴沟、官山河、白沙河、马贵河、望谟河5个流域河网进行对比分析。对5个流域的主沟长度、平均沟壑密度进行统计,如图3-45和图3-46所示。

分析可知:①5个示范区中,白沙河主沟长度最长,其次是岔巴沟、望谟河、马贵河,官山河主沟长度最短;②岔巴沟流域沟壑密度最大,其次为望谟河、马贵河、白沙河流域,官山河流域河网密度最小;③反映了南方红壤区水资源较丰富,北方黄土高原地区土壤侵蚀最严重,形成侵蚀沟壑较多。

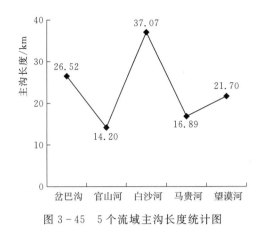

图 3-45 5个流域主沟长度统计图

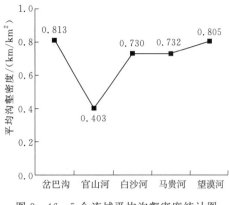

图 3-46 5个流域平均沟壑密度统计图

3.4.4 土地利用对比分析

将岔巴沟、官山河、白沙河、马贵河、望谟河5个流域土地利用类型进行对比分析。其中植被覆盖越好，山洪灾害发生或影响越小；房屋是山洪灾害重要的承载体，裸地易产生泥石流、滑坡等，因此，对5个流域土地利用种类、林草覆盖率、裸地面积、房屋占地面积进行统计和比较，考虑到岔巴沟地貌特征，实际考察中大部分旱地为裸露地表，因此，这里岔巴沟裸地为旱地和实际开挖裸地之和。统计结果如图3-47～图3-49所示。

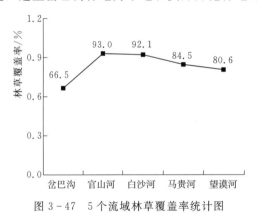

图 3-47 5个流域林草覆盖率统计图

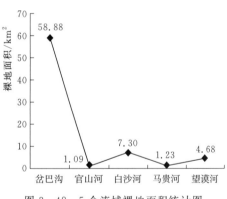

图 3-48 5个流域裸地面积统计图

分析可知：①5个流域中，林草覆盖率顺序为：官山河流域林草覆盖率最高，其次为白沙河、马贵河、望谟河流域，岔巴沟流域林草覆盖率最低。在强降雨条件下，岔巴沟最易产生强烈土壤侵蚀、泥石流或者滑坡现象。②5个流域中，裸地面积大小依次为：岔巴沟流域裸地面积最大，其次是白沙河、望谟河、马贵河流域，官山河流域裸地最少。在强降雨条件下，岔巴沟最易产生强烈土壤侵蚀、泥石流或者滑坡现象。③5个流域中，房屋占地面积依次为：

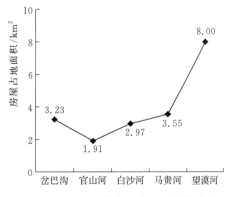

图 3-49 5个流域房屋占地面积统计图

望谟河流域房屋占地面积最大,其次为马贵河、岔巴沟、白沙河流域,官山河流域房屋占地面积最小。因此,望谟河流域人口密度较大,马贵河流域次之,岔巴沟流域人口较多,在发生山洪灾害时,潜在受灾会较严重。

3.4.5 潜在受灾房屋和人口对比分析

将岔巴沟、官山河、白沙河、马贵河、望谟河5个流域潜在受灾情况进行分对比分析,如图3-50和图3-52所示。

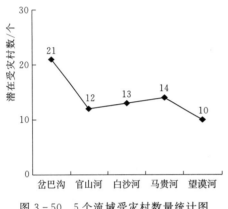

图3-50 5个流域受灾村数量统计图

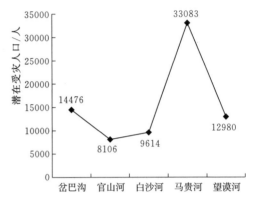

图3-51 5个流域潜在受灾人口统计图

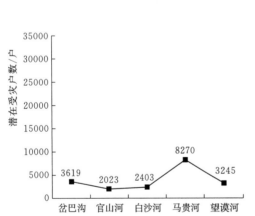

图3-52 5个流域潜在受灾户数统计图

分析可知:①5个流域中,潜在受灾村数大小依次为:岔巴沟流域潜在受灾村最多,其次为马贵河、白沙河、官山河流域,望谟河流域的潜在受灾村最少。②5个流域中,潜在受灾人口大小依次为:马贵河流域潜在受灾人口最多,其次为岔巴沟、望谟河、白沙河流域,官山河流域潜在受灾人口最少。③5个流域中,潜在受灾户数大小依次为:马贵河流域潜在受灾户数最多,其次为岔巴沟、望谟河、白沙河流域,官山河流域潜在受灾户数最少。④综上所述,岔巴沟流域潜在受灾较严重,马贵河流域人口分布密度较大。

3.5 小 结 与 展 望

示范流域山洪灾害形成要素辨识是山洪灾害监测预警体系布设、应急抢险应对处置、风险管理和灾害防御模式构建的基础,本章使用GIS地学统计、流域分析、面向对象与人机交互解译、综合叠加分析等方法,对流域下垫面要素(地形、坡度、河网、土地利用类型)、潜在受灾人口特征进行提取,并对相关要素进行了分析,主要从以下几个方面为后续工作提供支撑:

（1）综合地形、坡度、植被、土地利用、水系及沿河人口密度等因素综合影响，马贵河、岔巴沟、望谟河流域受潜在山洪灾害威胁较严重，其次是白沙河、官山河流域，在山洪灾害预警预报体系、风险管理和防御模式建设过程中应充分考虑各个示范区的山洪灾害防治需求和轻重缓急。

（2）山洪灾害监测设备是山洪致灾过程要素采集端，主要对山区暴雨和水文要素进行实时精准监测，在进行山洪灾害监测设备选择和布设过程应充分考虑示范流域降雨特性（暴雨中心位置、雨团分布范围、暴雨历时、暴雨时空分布特征等）、下垫面特征（地形、地貌、坡向、植被）和防灾对象特征（人口聚集地、人口构成、年龄、经济特征）等要素，应遵循相应的山洪灾害监测设备布设导则和标准。

（3）山洪灾害点多面广、成因复杂，降雨是山洪灾害发生营力，下垫面要素是山洪灾害孕灾环境，厘清小流域下垫面要素是进行山洪灾害防治研究的基础，受限于山区小流域自然环境恶劣、地形地貌复杂和山洪过程发生、消亡迅速的原因，采取物联网、微纳感等手段采集和获取下垫面要素是未来山洪灾害研究发展的重要趋势。

第4章

山洪灾害监测与预警体系示范

4.1 山洪灾害监测预警技术

经过近十年山洪灾害防治项目实施，创造性地建立了适合我国国情的专群结合的、以监测预警技术为核心的山洪灾害防治体系，全国因山洪灾害死亡失踪人员下降了约七成。但山洪灾害监测预警技术发展还存在一定的薄弱环节，本章对山洪灾害监测预警技术进行系统总结和分析。

4.1.1 山洪灾害监测预警技术综述

山区暴雨、融雪、溃坝等是山洪暴发的主要驱动因子，其中又以暴雨山洪最为常见，前期雨量监测成为山洪监测最主要的对象。在气候变化和人类活动影响下，极端降雨频率和强度增大、山区城市化加速和下垫面条件的改变都导致山洪灾害潜在威胁剧增。山区区域经济的滞后性、下垫面条件的复杂性以及监测站点布局的合理性造成部分地区雨量监测数据的匮乏，而短历时强降雨及持续性降雨的临近预报是山洪灾害临期预警的核心内容。加强山区雨量监测站网科学合理布局，同时探索利用雷达、卫星、无人机等遥感技术获取流域下垫面基础数据成为暴雨山洪监测的发展方向。

降雨是山洪系统的直接水文输入，同时也是山洪灾害监测预警的直接依据。目前针对山洪灾害的雨量监测预警技术主要分为两类：一类是利用水文水动力学模型对山区小流域溪沟洪水进行模拟和预报，根据河道水位预警值反推雨量临界值，该类方法需考虑多种水文、下垫面要素，模拟过程操作较难，但具有机理性；另一类是通过经验法（统计归纳法、比拟法及内插法等）研究统计时段内过程（或累计）雨量值与山洪发生的关系，分析判断某时段雨量特征值对山洪灾害发生的影响。因此，临界雨量是山洪灾害预警的关键指标，研究人员一直在探索降雨量与山洪灾害发生机制机理之间的相关关系，然而却缺乏有效的物理模型去支撑。降雨事件类型对山洪发生发展的研究表明，短历时强降雨量级、降雨时空异质性以及暴雨中心路径对山洪演进计算起到了关键作用。在此背景下，对山区小流域雨量的监测在山洪灾害防治体系中尤为重要。鉴于此，本章将系统梳理暴雨山洪监测技术中，雨量计、测雨雷达、卫星遥感及降雨融合技术的研究进展，阐述各项雨量监测技术的优缺点并展望未来暴雨山洪监测技术的发展方向。

山区降雨在时空变化上具有高度异质性，表现出强烈的非稳定性、非均匀性和垂直空间变异性。以不同时空尺度及观测来源划分，降雨测量技术包含雨量计测量、天气雷达测量和卫星遥感测量。以观测手段可以分为接触式和非接触式测量，从雨量值的记录方式不同又可以分为点雨量和面雨量，2006年国务院批复的《全国山洪灾害防治规划》就奠定了"以非工程措施为主"的山洪防御基调，而对山洪水雨情监测工作是非工程措施的重要内容，因此下面将系统梳理暴雨山洪监测设备研究进展。

雨量监测手段汇总示意如图4-1所示。

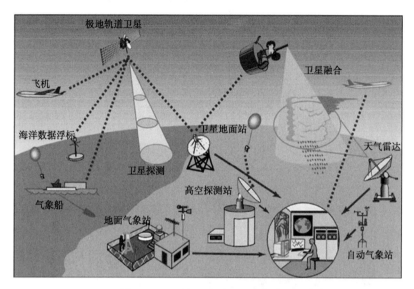

图4-1　雨量监测手段汇总示意图

4.1.1.1　雨量计

在现代信息技术投入应用到水文气象观测以前，雨量计是最为常用的、有效的雨量观测手段。1247年，我国宋代数学家秦九韶就开始采用天池盆、圆罂及竹笼来测量雨雪深度，其采用雨量计算方法是世界最早的方法，奠定了雨量计算的理论基础。传统雨量计最早可以追溯到1441年朝鲜采用"秦九韶法"发明的圆筒形雨量器，该雨量器是气象史上有记录的最早的雨量定量测量仪器，并采用统一雨量器布设监测网。1691年，英国建筑师加尔斯设计的秤锤式测雨器推动了雨量计的发展。1722年，现代雨量计之父英国人霍斯利研制了雨量计早期模型，由他制定的雨量计标准沿用至今。随后的几个世纪里，各国研究者不断改进更新雨量计才形成目前常用的雨量计，包括简易雨量计（虹吸式、称重式、翻斗式）和电子雨量计（超声波式、光学式和压电式）。

1. 简易雨量计

简易雨量计又称人工雨量计，它通过简单的承雨器读取刻度，完全依靠人工操作记录的雨量计，据统计，全球范围内有超过50种不同型号的简易雨量计仍在使用（表4-1），其中不含地区进行升级改造自动化的部分。

简易雨量计如图4-2～图4-4所示。虹吸式雨量计通过承雨桶中的雨水收集带动浮子变化，在记录纸上绘制降雨变化曲线，简便快捷，精度较高，如上海仪器厂SJ1型；称重式雨量计则利用机械发条装置或平衡锤系统，称量承雨桶中所有累计降水的重量，从而转化为场次雨量；翻斗式雨量计由翻斗承接雨水，每次翻斗倾倒便会记录数据。上述人工或者半自动雨量计较早应用到山洪前期雨量监测中。

表 4-1　　　　　　　　　　全球常用简易雨量计主要参数信息

国家	雨量计数目	器口面积/cm²	材质	使用国家数量
德国	30080	200	镀锡铁	超过 30 个
中国	19676	314	镀锡铁	3 个
英国	17856	127	黄铜	29 个
俄罗斯	13620	200	镀锡铁	7 个
美国	11362	324	黄铜	6 个
其他国家	30420	200、324、400	玻璃、不锈钢等	

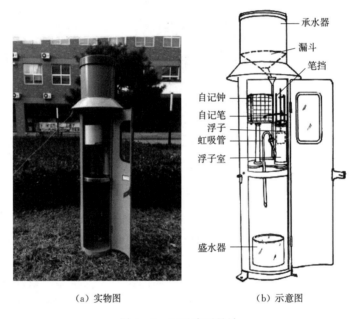

（a）实物图　　　　　　　　（b）示意图

图 4-2　虹吸式雨量计

2. 电子雨量计

相比传统雨量测量装置，电子雨量计结合了现代光电、声学技术的雨量观测设备在测量精度和数据稳定性上具有优势，主要包括超声波式、光学式、压电式。

（1）超声波雨量计是一种基于超声测距原理的雨量计，按传播介质可划分固介式、液介式、气介式三种雨量计，其中最为常用的是液介式超声雨量计。超声波雨量计在测量精度和使用寿命上有所提高，从宏观上描述了降雨特性，如降雨量、降雨强度、降雨历时等，而光学雨量计是在光电探测传感技术发展大背景下，采用光学散射和采集成像技术进行降雨微观观测的测雨技术，能够获取包括雨滴大小、下落速度和个数等微观特性，这些数据的获取在进行雷达反演降雨、降雨冲击力、土壤侵蚀动力等方面有很好的应用。其基

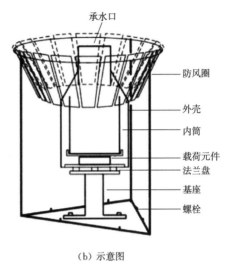

承水口

防风圈

外壳

内筒

载荷元件

法兰盘

基座

螺栓

（a）实物图　　　　　　　　　（b）示意图

图 4 - 3　称重式雨量计

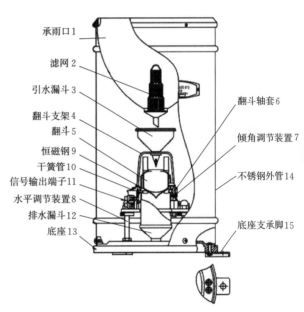

承雨口 1

滤网 2

引水漏斗 3

翻斗支架 4

翻斗 5

恒磁钢 9

干簧管 10

信号输出端子 11

水平调节装置 8

排水漏斗 12

底座 13

翻斗轴套 6

倾角调节装置 7

不锈钢外管 14

底座支承脚 15

（a）实物图　　　　　　　　　（b）示意图

图 4 - 4　翻斗式雨量计

本原理是基于散射技术利用降雨粒子在可见光或者红外线光束的散射效应，通过发射、接收降水粒子的散射信号，测量雨强、雨量等，目前基于散射原理的光学雨量计，代表产品有 LEDWI、LWI、WIVIS、VaisalFD12P、Biral VPF - 730 等；基于光强衰减技术，代表产品有德国 OTT 公司 Parsivel 雨滴谱仪、法国 GBPP - 100 双束雨滴谱仪、法国 OSP 光谱雨量计等；基于相位多普勒测速，代表产品有 PWS100；基于图像采集技术的雨量计近年来发展迅速，代表性产品有奥地利 2 - DVD 系统、美国 Borraann - Jaenicke 公司的

HODAR 系统以及加拿大 Geneq 公司的 TPI-885。

（2）光学雨量计由于成本较为昂贵，在山区暴雨监测中推广应用还存在一定难度，在无人值守的山区环境易受尘霾、霜露等环境因素影响。但光学雨量计在进行降雨时空分布、形态特征等方面具有很好的前沿性。

（3）压电式雨量计是运用雨滴冲击测量原理对降水雨滴的重量进行测量并获取相关数据，进而计算降雨量，其体积小、能耗低，适合作为密集分布的野外监测站点。如 Vaisala 的 WXT530 系列雨量计，压电传感器的压电材料（如石英晶片或压电陶瓷片）受到机械载荷时，会在其特定的表面上产生电荷信号，通过将雨滴的冲击力转化为电压值，进而输出为雨量数据。现有仪器产品存在的主要问题是雨滴撞击传感器受力面的受力大小变化是非线性的，因此难以保证各个量级的雨量都具有较高的测量精度。

图4-5 超声波雨量计

图4-6 光学雨量计

图4-7 压电式雨量计

4.1.1.2 测雨雷达

山区小流域布设雨量站数量有限，通常难以达到世界气象组织（WMO）以及山洪灾害防治规定的标准密度。传统地面雨量监测难以有效捕捉山区降雨时空变异性，从而错失暴雨中心路径，造成山区小流域"有雨不涨水，无雨发山洪，山前下雨，山后预警"的局面。测雨雷达具有面雨量监测特性，可随时跟踪雨区范围、暴雨走向和降雨量的变化，有效弥补单站点雨量观测的短板。其通过高分辨率系统探测降雨云和降水结构的发生、发展情况，可以满足高精度的水文模拟需求，如高精度分布式水文模型，因而在中、小尺度流域降雨监测中具有较强的优势。

研究人员很早就意识到雷达技术可以应用到雨量观测领域，Kurtyka 指出未来山区雨量观测发展的方向应为雷达测雨，同时肯定传统雨量站在率定校准方面发挥的积极作用。常用测雨雷达选用的波长为 3cm（X 波段或 10GHz）、5cm（C 波段或 6GHz）和 10cm（S 波段或 3GHz），波长选取范围主要是由降雨粒子大小散射回波决定，X 波段和 C 波段雷达虽然建站体积小，但随着雨强的增大其衰减程度也在加深。20 世纪 80 年代，欧美国家率先布设区域雷达观测网，如美国 NEXRAD，已基本实现业务化并发布实时降雨产品，目前全球设有 1000 多个天气雷达站用以观测降雨及其他气象要素。从 2000 年起国内开始布设新一代天气雷达网（CINRAD Network），截至 2016 年，全国范围内已建成 233 部由 S 波段和 C 波段组成的雷达网。

雷达测雨的方法主要有两类：一类为直接利用 Z-R 关系（反射率因子-降雨强度）

确定降雨强度，估算降雨量值；另一类为雨量计-雷达联合估测降雨量，后者在山区小流域雨量估测计算中，应用更为广泛。Versini 采用基于雷达测量的定量降水估计和预报（QPE/QPF）技术，在法国南部加德区域进行山洪道路淹没区域风险评估，该地区开发的道路淹没预警系统（RIWS）对降水输入和降雨径流模型校准具有显著的敏感性。利用基于雷达的 QPE 技术，RIWS 可用于评估选定水文模型的结果，并计算无资料地区的径流阈值。刘福新等利用 X 波段的 TWR01A 型天气雷达，分析了 3 场典型暴雨山洪的雨量图像特征及强回波移动特点，指出该型雷达能提前 30min 进行山洪预警，有效提高了山洪防御能力。Rozalis 等则采用经过校正的雷达测雨数据驱动 SCS-CN 模型研究暴雨山洪过程，该模型预测短历时的山洪过程较为准确，同时研究发现山洪暴发对降雨强度的时间分布非常敏感。

雷达测雨的误差来源主要从观测设备-观测环境-观测目标中产生，具体表现为：设备自身误差，如雷达标定失准；观测区域地物杂波、波束遮挡和天气垂向结构变异性造成的基数据误差；同时降雨类型不同造成建立的 Z-R 关系的系统误差。事实上，研究人员已经系统地总结了校正这些类型误差的手段和方法，包括平均校准、最优校准、联合校准和卡尔曼滤波校准等方法，但是山区特殊的下垫面条件给雷达雨量观测带来了挑战。Gabella 和 Notarpietro、Germann 等利用阿尔卑斯山区长时间序列雷达测雨值，与地面站点观测值进行大样本比较，通过一定偏差校正流程，指出地物杂波和波束遮挡是对雷达测雨精度的最大影响因素，对山洪预报时效性产生影响。刘晓阳等运用雷达和雨量计联合估测了梅山水库集水区的降水分布，雷达联合雨量计对径流模拟精度要优于任意单一降水源，且可以获得更高空间分辨率的降水分布。在山洪前期或过程雨量测量中，雨量计和雷达测雨面临着共同的问题：数据稳定传输、上传、储存，预警信息及时有效发布。

4.1.1.3　卫星遥感

自 20 世纪 60 年代首次引入卫星观测系统以来，它已经改变了自然灾害监测的许多方面。卫星遥感技术的发展直接促进地形复杂、低密度站网的山区流域的气象观测，其监测要素包含降雨、温度、湿度等，同时也能为无资料地区提供有效的水文输入信息。根据低轨道卫星星载传感器类型划分卫星测雨方式，主要技术手段有：可见光与红外遥感技术（VIS/IR）；被动微波技术（PMW）；主动微波技术（AMW，星载雷达），如 TRMM 卫星搭载的 Ku 波段雷达，Cloudsat 卫星搭载的 W 波段雷达，以及 GPM 搭载的 Ku/Ka 双波段雷达；可见光、红外遥感与微波融合技术。

根据不同算法、传感接收以及采样频率，产生了多种卫星降雨产品，主流的遥感降雨产品不低于 10 种，通过卫星降雨反演算法超过 30 种，如 TRMM、CMORPH、PERSIANN、GSMaP、IMERG 等。贺志华基于空间分布模式和地面降水融合方法，采用 TRMM 等卫星降雨产品在澜沧江等雨量站稀疏流域进行水文模拟，有效地提高了高山流域水文模型模拟精度。张弛等采用 CMORPH 卫星反演降雨资料与 3 万多个自动站降雨观测进行融合，通过在汉江丹江口水库以上流域建立分布式水文模型，证实在日尺度上两者具有较好的相关性，能较好地捕捉到强度小于 25mm 的中小降雨。

卫星遥感测雨虽然弥补了雨量计测雨、雷达测雨布设密度过小、时空精度不高的缺陷，但众多卫星降雨产品却包含较大的误差，即便如此在无资料山丘区的潜在水文应用价值依然很高。为了减少这些误差来源，在输入到流域山洪模型之前，需要进行恰当的数据预处理以改善模拟精度，如降雨产品空间降尺度、偏差校正等。

4.1.1.4　降雨融合技术

雷达和卫星遥感测定的局部降雨精度尚不能满足山区降雨空间分布要求，山区复杂下垫面条件，如高程、坡度、植被覆盖度、城市化等，导致降雨的时空分布具有显著变异性。雨量计-雷达联合估测降雨量在前文已经具体描述，后来多种卫星降雨产品的出现促进了雨量计-卫星遥感联合估测降雨，如 TRMM－3B42V6，至此降雨融合技术及相关研究在气象、水文等领域开始兴起。研究人员也意识到雨量计与雷达、卫星遥感数据融合（merging）是一种异值信息互相平衡和匹配的过程，在获取高精度的雨量数据的同时，高时空分辨率的降雨输入识别能够显著提高流域径流模拟精度。

常用的降雨融合方法的基本思想主要为构建降雨初始场，然后利用地面站点数据按照一定准则对初始场进行修正，即降雨融合过程，其基本方式包含全局修正和局部修正，考虑下垫面条件和空间异质性，局部降雨融合应用更加广泛。降雨融合的主要方法有概率密度函数法（PDF）、最优插值法（OI）、贝叶斯模型平均法（BMA）等，目前的研究更倾向于同时采用多种融合方法来降低系统误差，降雨数据源也由传统的"二源"向"多源"融合进行拓展，有研究表明融合降雨数据均优于单一来源降水产品。潘旸等应用一种贝叶斯融合（bayesian merging）方法在江淮地区进行"地面站点-雷达-卫星"三源降雨融合，合成产品均优于任何单一降雨产品。

雷达测雨数据或卫星降雨产品作为山洪水文模型输入量时，未经过地面数据校正和降水数据后处理，其相对系统偏差可能达到 100% 以上，即便是最新一代的卫星降雨产品 IMERG 也难以保证降水输入的相对准确性。开展多源降雨观测以及降雨融合技术在山洪领域的应用，在山洪短临预报预警具有重要的现实意义。结合多源降雨观测以及降雨融合技术在山区小流域的实际发展及应用，研究人员可主要围绕小流域"降雨-径流"过程系统观测与定量分析、多源降雨信息融合山洪预报及不确定性分析问题展开。

4.1.1.5　微波链路测雨技术

微波是频率为 300M～300GHz 的电磁波，近年来，微波链路测雨技术因在近地大气、高时空分辨率降雨测量等方面的优势而广受关注，其利用雨区微波传播过程中的雨致衰减来反演地表路径降雨，其作为线雨量计与点雨量计（地面站）、面雨量值（雷达）相比差异明显。山区复杂下垫面条件导致无法利用雨量计、雷达等常规设备进行广域组网观测降雨，但这些区域却存在一定的微波链路分布。雷达波也在微波范畴，虽然两者在探测机理方面具有相似性、兼容性，但远距雷达波束扫描往往多为云团和部分降水体，与真实降水存在差别。微波链路通信站点比起雷达分布范围更广，行业应用广泛，全球范围内约 60% 的国家移动基站采用微波通信，除此以外，广播电视、电力、环保部门也多采用微波链路通信。微波链路测雨主要研究的内容包括反演降水分布、降水类型识别与其他气象要素监测、辅助雷达衰减订正等，在小流域降雨输入估计上具有很好的应用前景。

微波链路测雨的原理是雨区微波传播能量会受雨滴影响产生衰减，衰减的大小受频率、偏振方式影响，也与雨滴物理特性有关，通过计算衰减量反演降雨量，通常方法是选择不同频段、数量链路进行计算。通过检测链路路径衰减时域与频域的变化特征，可以反演不同的降雨类型，同时观测部分降水相关物理量，如降雪、雾等。微波链路同时也可与测雨雷达进行联合估测降雨场，重构降雨场减小测量误差，实现优势互补，有效提高测雨雷达衰减订正的效果，进而提高雷达定量估计降水的精度。

4.1.2　复杂山区山洪立体监测预警技术体系

我国暴雨山洪监测预警手段主要通过雨量和水位信息，探索采用物联网、云计算、智能化等新技术改造现在的监测站点，推广小型化、低功耗、免维护的雨水情监测站点，同时加强卫星、测雨雷达、短临预报技术应用等成为未来山洪灾害防治发展的方向，构建适应复杂山区环境的空天地一体化山洪立体监测技术体系具有重要意义。目前山洪致灾要素监测较为单一，应多重视多源信息的利用和融合，研发集成一套暴雨山洪致灾要素智能监测设备技术体系，是山洪灾害早期精准识别、高效防控的关键。随着水文气象观测技术的发展，山区环境的山洪立体监测因素应包含多源监测信息，如多源雨量信息、水位、土壤水信息和下垫面要素，为山洪过程精细化模拟与预报提供了条件，建设内容可进一步拓展，如研发山区洪水多要素监测设备、监测站网的优化布局理论与技术以及监测信息实时应急多链路传输技术等。

4.1.2.1　山区洪水多要素监测设备

目前针对雨量预警指标的确定仍以静态的单一阈值为主，考虑山洪水文过程及灾害的特点，雨量预警指标应充分考虑下垫面地形、植被等综合因素以及前期雨量的动态变化过程。局地暴雨并非是诱发山洪的唯一因素，地形、土地利用类型以及土壤水等均对山洪的诱发产生影响，而且在一定程度上甚至决定了流域产汇流机制；前期土壤含水量的动态变化可直接影响降雨入渗、包气带蒸散发以及产流等过程，同等条件下，饱和土壤水的下垫面更易诱发山洪，故在确定流域雨量预警指标时，需考虑地形、土地利用等综合要素以及土壤含水量动态变化的影响，构建综合动态阈值，而构建综合动态阈值的关键在于如何反映洪水及下垫面要素动态变化对山洪诱发产生的影响。

因此，山区洪水多要素监测设备的研发、设计及布设，需充分考虑山区环境复杂的空间异质性、降雨-土壤水分-产汇流的梯度效应和时空变异性，客观立体地反映小流域山洪发生发展的外在条件和内在动力，设备需进行一体化设计，内置多种传感器装置，集成数据采集传输模块和云服务平台，以有效节约设备尺寸和功耗，便于野外全天候工作。综上，基于微纳感知和智能化技术进行分型分类设计，以流域行洪区将监测设备划分为降雨土壤水分微感知设备和水文多要素微感知设备。

降雨土壤水分微感知设备的研发主要用于山区局部降雨量和土壤含水量监测一体化设备，由雨量传感器、土壤水分传感器、数据采集传输模块及云服务平台组成。雨量传感器可采用压电式传感器，减小体积和功耗，便于广泛组网布设。雨量传感器可收集单位时间内的累计降雨量、降雨持续时间、降雨强度等数据。土壤水分传感器可采用频域法，由土壤充当电介质，电容与振荡器组成一个调谐电路来实现土壤水分的快速测量，由此测得土壤的体积含水量。

水文多要素微感知设备的研发主要用于山区河道水位、流速和水体含沙量等要素监测一体化设备，由流速传感器、含沙量传感器、水位传感器、数据采集传输模块及云服务平台组成。流速传感器可基于声呐原理和雷达探测技术制成，具有实时数据采集和数字信号处理功能，测量探头不能破坏流场，无机械转动部件，具有较高的测量精度和较快的响应速度，以适应山区河道流速的测量和预警。含沙量传感器可依据浑浊液对光进行散射或透射的原理制成，通过描述透射率与悬浮固体含量之间的关系，计算出悬浮物浓度，进而利用悬浮物浓度和特定水域的泥沙量的线性关系，推算出河道水体的含沙量。水位传感器可采用压力式传感器，置于被测水体某一深度时，传感器迎液面通过压力的传感计算得到水位深度。

数据采集传输模块及云服务平台主要包括数据采集传输模块将数据采集和无线通信进行一体化设计，可以有效节约设备尺寸和功耗，便于野外实现全天候工作。设备支持公网和移动自组网两种无线传输方式，可根据当前环境建立模型，及时合理地配置传感器采集和上报间隔。云服务平台可集成多种类复合传感器数据的实时上传下载、设备管理等多维综合应用。云服务平台具有高度的协同性和扩展性，在形成一个有机整体的基础上，可以快速扩展出新的应用，要求系统高度标准化以便于与其他管理部门互联互通。

4.1.2.2 站网的优化布局理论与技术

山洪水文过程是一个高度复杂的非线性过程，准确估算降雨量输入有助于提高山洪径流模拟精度，流域范围内雨量站数目、空间分布均对模型模拟效果产生影响。优化监测措施可采用一体化山洪要素监测设备，优化站网布局除需遵循相关规范和技术要求外，还需要适应山区复杂环境的要求，遵循一定的布设原则。

降雨土壤水分微感知设备布设范围主要以小流域为单元，考虑人口较为密集、重要基建设施的山溪洪水灾害易发的山洪沟；站网布设密度在考虑地形、土地利用、植被覆盖度等条件下，尽量依据相关原则均匀布设，山洪频发区域加密布设；在中高山区，需要考虑海拔对降雨量的影响，雨量站布设需要体现出海拔梯度。

水文多要素微感知设备应考虑预警时效、影响区域、控制范围等因素来综合确定，选择河道顺直、河床稳定和水流集中的地方，水位代表性好、不易淤积、主流不易改道的位置。

针对山洪灾害预报预警局地短历时降水监测精度不高和时空不连续问题，有条件的区域可增设测雨雷达，雷达测量应保持流域全覆盖原则，综合考虑下垫面条件及经济成本，山丘区小流域测雨雷达宜采用 X 波段雷达，X 波段雷达具备垂直扫描和双脉宽探测能力，在降水数据监测精度、分辨率、时效性和可靠性方面均表现优越。应用地统计学软件，整合基础地理数据以便于雷达数据叠加分析，如水文气象站点层，河流、沟道层，同时需要关注测雨雷达数据解译、传输和可视化显示软件，并接入山洪预报预警系统。

4.1.2.3 信息实时应急多链路传输技术

基于物联网理念，研发有无公网覆盖和极端环境条件下山洪灾害多源监测信息的多链路（4G/5G 等公网、星地数据链等）传输技术、通信保障链路智能切换技术，实现广域覆盖、多链路山洪灾害监测数据的实时、应急、有效、稳定、安全传输，无线自组网是无线通信技术发展的产物，具有自配置、自优化、自愈合的能力。针对山区山洪要素信息传输阻挡限制因素多的特点，采用宽、窄带一体多业务自组网通信系统，选用传输绕射能力较强的 UHF 频段，采用无线 MESH 网络技术和 COFDM、DSSS 等多种传输体制，系统实时获取定位、语音及视频信息，具有小型化、低功耗、机动便携、快速自组网、复杂电磁环境下高速宽带传输等特点，可实现多跳快速自动建链组网，能提供安全、稳定、可靠的传输带宽。

自组网通信系统具备固定建立专网和应急通信系统临时组网的能力，同时还可与光纤、卫星、公网、专网等其他通信系统联接，形成专用网络、机动网络、固定网络相结合的宽带信息组网传输链路，构建远距离、大区域、实时高效的综合传输链路系统。自组网系统具有绕射能力强，可在非视距环境下工作的能力；终端即中继，灵活构建选用自组网类型；具备音频、视频、定位等各种前端信息采集的能力；实现格式报、语音、图像、视频等信息互联互通与资源共享，解决应急通信"最后一公里"问题；与应急综合调度平台链接，接收上级指令、信息化平台保障信息并实时上报相关信息。

4.2　示范区山洪灾害监测预警体系构建

4.2.1　官山河流域

官山河流域共有18个监测站点，其中1个水文站（孤山水文站）、1个水位站（吕家河水位站）、1个自动雨量站、5个简易雨量站、10个无线预警广播站。综合分析得到潜在受灾房屋主要集中在五龙庄、大河湾、赵家坪、吕家河、马蹄山、西河、官亭、骆马沟、铁炉、杉树湾、田畈、孤山等12个村落，需做好重点预警和防范，官山河流域存在潜在受灾总人口8106人，2023户。

项目组在研究区官山河流域进行了考察，同时进行了野外实验监测站的选点，并完成了气象监测仪器的安装。如图4-8所示，在靠近河道边并且空旷的地点布设仪器可以避开植被对雨量观测的影响，也有利于后续在河道内进行水位流量观测的仪器布设和数据传输。

图4-8　官山河流域监测仪器布设现场

2018—2020年，项目组共组织开展示范流域考察调研共计205人次，通过与当地防汛部门座谈调研、现场勘查山洪监测预警措施、收集当地山洪相关资料，获取了官山河流域山洪灾害现场情况（图4-9）、历史山洪灾害资料、水文气象数据、监测预警现状和群测群防建设情况等一手资料，为后续项目实施提供了基础数据。

图 4 - 9　官山河流域山洪灾害现场情况

从水文年鉴上收集到官山河小流域 1973—1987 年的降雨径流资料以及从十堰水文局收集到 2011—2016 年降雨径流资料。水文年鉴中官山河水文气象站点位置见表 4 - 2。

表 4 - 2　　　　　　　　　　　　水文气象站点位置信息

站点名称	位　　置	经　　度	纬　　度
大马站	湖北省房县大马公社	110°48′	32°22′
袁家河站	湖北省均县袁家河公社五龙庄	110°52′	32°23′
西河站	湖北省均县西河公社	110°55′	32°20′
孤山站	湖北省均县孤山	110°56′	32°27′
官山河站	湖北省官山河水库	110°59′	32°32′

因流域出口断面站点官山河站在孤山站下游，不在孤山站集水区内，因此在计算面雨量时移除该站。用泰森多边形法计算袁家河站、大马站、西河站、孤山站这四个站在流域中所占的权重，计算结果见表 4 - 3。

项目组收集了孤山站 1973—2016 年的逐日平均流量，通过计算绘制了年最大洪水流量值（图 4 - 10），同时给出了该站多年平均月径流量值（图 4 - 11），可以大致判断官山河流域主汛期主要集中在 5—8 月，汛后期 10 月径流量增大。

表4-3 官山河流域水文站点控制流域面积

站点名称	面积/km²	权重/%
袁家河站	71.29	0.22
大马站	106.79	0.33
西河站	88.69	0.28
孤山站	52.78	0.17

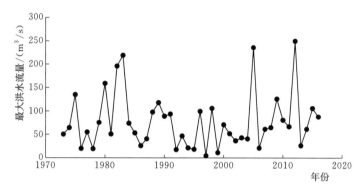

图4-10 官山河流域孤山站年最大洪水流量值

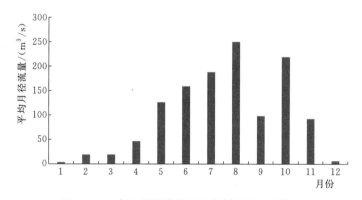

图4-11 官山河流域孤山站多年平均月径流量

4.2.2 岔巴沟流域

岔巴沟流域位于东经109°47′、北纬37°31′，沟道长26.3km，集水面积205km²。作为大理河流域的一条支流，岔巴沟处于黄土丘陵沟壑区，在大理河和无定河的西南部相汇。曹坪水文站为岔巴沟流域的出口水文站，控制面积为187km²。

岔巴沟流域属于鄂尔多斯地台，在白垩纪时期以前，该地区表现为缓慢的上升和下降运动，此后受到喜马拉雅山脉和燕山山脉运动的影响，发生了轻微程度的褶皱。第四纪初开始，该地台上产生了大量的黄土沉积，也就是逐渐形成了现在的黄土高原，如果从简单的地层属性进行划分，该区域的地层组成由老至新为基岩、老黄土、新黄土。

岔巴沟流域下游多为峁地沟谷，上游多为梁地沟谷，中游则既有梁地沟谷，又有峁地沟谷。该区域土壤侵蚀较为严重，纵横分布着众多的大小沟道，整个流域的沟谷切割成很多部分，是黄土丘陵沟壑区典型的地貌景观。岔巴沟发源于李孝家河乡刘新窑村，干流方向为西北向东南，流经西庄、三川口乡、双湖峪镇高家渠村三个乡镇，最后汇入大理河。流域平均河道比降为7.57‰，流域内共有11条小支沟，流域的整个形状基本对称，平均宽度约为7.8km。沟道长约为26.3km，沟道密度为1.07km/km²，干燥少雨的暖温带大陆性气候是岔巴沟流域的典型气候，多年平均降雨量为494.6mm，该流域降水量年内分配极不均匀，70%的降水都集中在汛期，且多为降雨强度大、短历时的暴雨。夏秋之际经常有冰雹出现。该区域多年平均气温为8℃，最高气温为38℃，最低气温为−27℃。

　　岔巴沟流域内暴雨主要为短历时强降雨，特性表现为：同一场暴雨各雨量站的开始时间与结束时间以及降雨量都有很大差异，暴雨的时空分布没有规律，随机性很大。降雨强度在10mm/h以上的暴雨主要集中在每年的6—8月，其中暴雨场次最多的为7月，占总场次的45.9%；其次是8月，占总场次的32.4%。岔巴沟流域洪水过程多为短历时陡涨陡落型，这主要是因为岔巴沟流域洪水多为暴雨所引发，且沟道的坡度很陡。流域内每年分别在春季和夏、秋季有两次汛期。春季来临之时气温逐渐升高，消融后的河川蒸发能力加大，导致降水增加，从而会出现流量较大的洪水。而流域夏汛的洪水量级要远大于春汛，往往具有峰高量大、陡涨陡落的特征。最大洪峰流量出现的时间和暴雨出现的时间基本一致，都在7—8月。根据流域历史洪水调查结果，岔巴沟出现的最大洪峰流量为8000m³/s。

　　为了对子洲县岔巴沟流域进行全流域覆盖监测，采用泰森多边形法对流域进行网格划分，每个网格内布设1台传感器，使得各传感器之间能够相互传输实时监测数据，并汇总传输至中转站。通过泰森多边形法划分的流域网格图如图4-12所示。

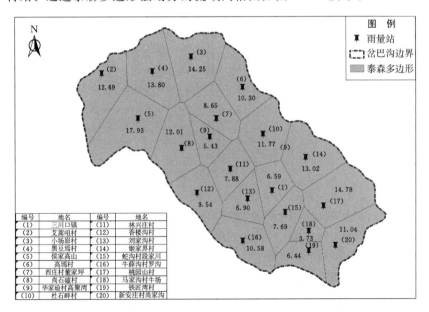

图4-12　岔巴沟流域传感器布设现状（单位：km²）

　　如图 4-12 所示，为了覆盖整个岔巴沟流域，需要布设 20 台传感器。截至 2019 年 8 月 9 日，在该流域已布设 20 台，每台设备安装在土地中，用来监测降雨量及土壤含水量。

　　根据项目需要，在岔巴沟流域范围内布设 20 台微纳感知雨量计用以监测流域范围内的雨量数据，同时重点关注暴雨情形，仪器布设的点位按照以下原则和要求进行：

　　（1）雨量计布局安装需按照"能上天、不入地"的原则，尽可能选择高处位置和利用已有永久建筑物（如房屋）进行安装。

　　（2）安装地点的土地利用类型，尽量选择裸地或耕地类型。林/草地由于植物遮挡截留，易造成测量误差，尤其是在汛期植被生长旺盛阶段。

　　（3）在具体安装过程中，需选择耕地地块边缘（裸地无此限制）处安装并进行隐蔽处理，以防止人为损坏。

　　具体布设雨量计信息见表 4-4，包含经纬度、高程等；布设位置和区域下垫面特点如图 4-13 所示，现场安装工作如图 4-14 所示。

表 4-4　　　　　　　　　　岔巴沟小流域示范区布设雨量计信息表

序号	仪器编号	安装地点				土地利用类型*	安装时间	天气**
		经度	纬度	高程/m	地名			
1	YL-16	109°47′	37°46′	1221.00m	艾蒿咀	②	2020-05-20/上午	①
2	YL-02	109°50′	37°46′	1118.00m	黑豆焉	②	2020-05-20/上午	①
3	YL-03	109°52′	37°46′	1133.00m	小场峁	②	2020-05-20/上午	①
4	YL-04	109°55′	37°45′	1127.00m	高堰村	②	2020-05-20/下午	①
5	YL-05	109°54′	37°44′	977.00m	董家坪	②	2020-05-20/下午	①
6	YL-06	109°49′	37°45′	1136.00m	桃树峁	②	2020-05-20/下午	①
7	YL-0C	109°53′	37°43′	960.00m	毕家硷	②	2020-05-20/下午	①
8	YL-08	109°51′	37°43′	1040.00m	尚石磕	②	2020-05-20/下午	①
9	YL-0A	109°53′	37°41′	1031.00m	香楼沟	②	2020-05-20/下午	①
10	YL-0B	109°55′	37°40′	1042.00m	牛薛沟	②	2020-05-21/上午	①
11	YL-0F	109°54′	37°42′	1006.00m	林兴庄	②	2020-05-21/上午	①
12	YL-09	109°55′	37°41′	976.00m	刘家沟	②	2020-05-21/上午	①
13	YL-0D	109°56′	37°44′	1076.00m	杜石畔	①	2020-05-21/下午	①
14	YL-0E	109°56′	37°41′	969.00m	三川口	②	2020-05-21/下午	①
15	YL-10	109°58′	37°42′	1091.00m	姬家界	①	2020-05-21/下午	①
16	YL-11	109°57′	37°41′	936.00m	蛇沟	②	2020-05-21/下午	①
17	YL-12	109°58′	37°39′	956.00m	铁匠湾	②	2020-05-22/上午	①
18	YL-13	109°59′	37°42′	1061.00m	贺家畔	②	2020-05-22/上午	①
19	YL-14	109°58′	37°41′	953.00m	马王庙	③	2020-05-22/上午	①
20	YL-15	109°59′	37°39′	927.00m	新安庄	②	2020-05-22/下午	①
21	YL-15（新）	110°00′	37°42′	1119.00m	冯家焉	②	2020-07-09/下午	①

注　*土地利用类型主要为①林地②草地③耕地④裸地等；**天气应为①晴②阴③雨。

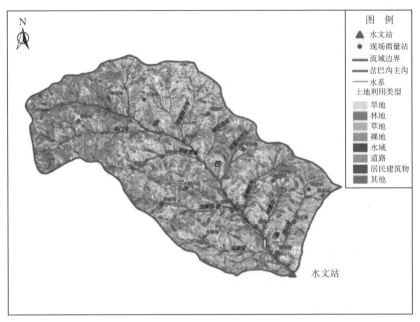

图4-13 岔巴沟小流域示范区微纳感知雨量计布设图

图4-14 微纳感知传感器野外布设现场

此次安装的测雨雷达为X波段测雨雷达，为安徽四创电子股份有限公司设计、开发的X波段中频相参脉冲多普勒雷达。测雨雷达采用数字中频接收机，实现数字自动频率跟踪和数字自动定相，从而实现雷达较高的改善因子，确保系统达到较高的测速精度和地杂波对消能力；信号处理/监控高度集成化，采用一块基于FPGA的控制板完成，实现了雷达控制指令的转发、主要工作参数、故障的采集等功能；变压器耦合线性调制器磁控管发射机，脉宽 $0.4\mu s$，实现 60m 距离分辨率。

测雨雷达结构形式具有小型化、高可靠性、灵活性等优点，特别适合担当水利部门布网的重点装备，具有快速架设、性能稳定等特点。可定量测量 36km 范围内气象目标的强度、平均径向速度和速度谱宽。

（1）整机组成。测雨雷达按照分系统可划分为天馈线、发射、接收、信号处理与监控、伺服、终端和电源等 7 个分系统。按照功能单元可划分为天线转台、发射机、接收前端、数字处理、伺服驱动、终端和电源。

（2）总体布局。测雨雷达分成两个工作单元：工作单元一为天线单元，安装于楼顶，主要包括天线、馈线和转台、发射分系统、接收分系统、数字处理分系统、天线控制分系统和电源分系统等；工作单元二为数据处理终端。如图 4-15 所示为测雨雷达结构配置示意图。

为防止雷击，雷达天线阵地必须架设有效的避雷针和良好的接地装置，雷达操作机房也要有防静电装置。

（3）主要技术特点。测雨雷达采用通用化、系列化、模块化等标准化设计，注重产品可靠性设计，在电磁兼容、微波辐射、工艺标准、互易性、维修性、安全性、噪声等方面要有充分的考虑；在生产过程中有严格的质量控制体系，贯彻执行一次成功的方针。雷达完善的 BIT 设计也为雷达的可靠运行和快速维修提供了有力的保障。

图 4-15 测雨雷达结构配置示意图

（4）测雨雷达系统原理。数字处理板（Chip of digital signal processing，CDSP）产生全机定时时序信号。发射机在发射触发以及控制信号的控制下，使磁控管振荡器产生发射脉冲信号，经过馈线送到天线，由天线将高频脉冲信号形成波束向空间定向辐射。遇到气象目标后反射回来的回波脉冲，被天线接收后，经馈线进入接收分系统。回波信号经 LNA、变频后送至 DIFR，耦合器耦合地发射主波样本信号经变频后也送至数字处理板。数字处理板完成数字频率跟踪、数字定相和相干检波后分解数字 I/Q 正交信号，作 DVIP 处理、地物对消滤波处理，得到反射率的估测值，即强度；并通过脉冲对处理（PPP）或快速傅里叶变换（FFT）处理，从而得到散射粒子群的平均径向速度 V 和速度的平均起伏（即速度谱宽 W）。信号处理输出并行回波数据以标准网络协议送数据处理终端，监控将目标仰角、方位角的数字角度信号以标准网络协议送数据处理终端。监控同时控制伺服驱动完成天线扫描控制。

终端对回波信号数据进行实时处理，以 PPI、RHI 等扫描方式，实时显示回波图像。并可将数据存储下来，用于后期分析、加工和图像处理等。

该雷达的机内测试设备（BITE）由雷达监控控制运作，实施故障检测。BITE 设备对每个独立单元进行检测，并对有些关联故障采取自动锁闭措施。如图 4-16 所示为测雨雷达系统的原理框图。

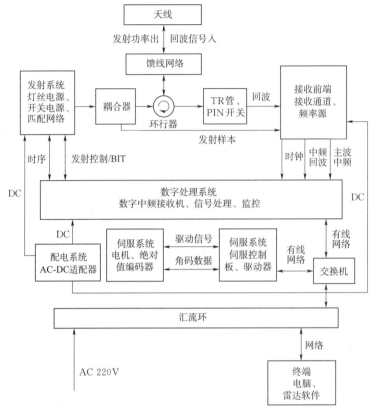

图 4-16 测雨雷达系统原理框图

（5）子洲岔巴沟流域测雨雷达布设。为了与流域内布设的微纳感知传感器设备监测到的点降雨强度进行对比分析，在子洲县城佛殿堂生态公园内安装一台测雨雷达，用以监测岔巴沟流域上空面降雨量。

为了避免由于周边建筑物的遮挡导致雷达扫描出现误差，测雨雷达基础房屋高度为4m，雷达底部不锈钢架高度为3m，雷达中心离地面高度约为9.8m，可测量36km² 的降雨强度。此次雷达布设安装了避雷针，避雷针高度为14m，雷达安装现场、效果图和初步调试图如图4-17～图4-19所示。

图 4-17 测雨雷达安装现场

图 4-18 测雨雷达安装完成效果

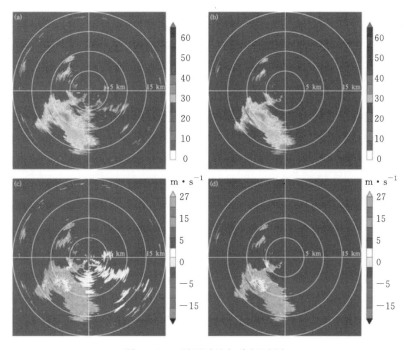

图 4-19 测雨雷达初步调试图

4.2.3 望谟河流域

经开展区域调查，了解山洪灾害发育现状，同时在征求防汛主管部门和专家意见的基础上，确定了贵州省望谟县望谟河小流域为本项目示范区之一。对望谟县进行了实地考察，并结合山洪灾害监测站点布设原则，选定了监测仪器安装点位置。

4.2.3.1 监测站点的布设原则

根据《全国山洪灾害防治试点监测预警系统建设技术要求（初稿）》的规定，示范区山洪灾害监测系统仪器布设需遵循以下三个方面的原则：

（1）实用性和可靠性。由于山洪灾害防御雨、水情监测站的环境条件恶劣，系统选用的监测方法、技术、设备应注重实用、可靠，符合山洪灾害监测预警的实际需求。

（2）突出重点，兼顾一般。在现有的气象及水文站网基础上，充分考虑地理条件、受山洪灾害威胁的程度，以及暴雨分布特点，合理布设雨、水情监测站网。

　　（3）因地制宜地选择信息传输通信组网方式。信息传输通信组网的设计根据山洪灾害防御信息传输实际需求，充分利用现有的通信资源，节省系统建设、管理及运行的投资。

4.2.3.2　监测系统布置方案

1. 监测项目及站点的位置分布

　　根据示范区监测站点布设原则，并结合项目实际研究应用需要，在贵州望谟河小流域示范区布置的监测项目主要包括气象观测、水文观测、滑坡监测三大块内容，具体布设了遥测雨量监控点 8 个、遥测水位监测点 3 个、微雨雷达监测点 1 个、气象测雨雷达监测点 1 个，渗压计 1 支、表面位移计 1 支、测斜仪 3 台，基本选定了滑坡、泥石流预警点。望谟河小流域示范区监测项目及监测站点详细信息见表 4-5，站点位置分布如图 4-20 所示。

表 4-5　　　　　　　　望谟河小流域示范区监测项目及监测站点信息

监测项目	站 点 名 称	经度	纬度	站 点 地 址
地面雨量	复兴镇弄纳雨量站	106°08′	25°10′	复兴镇弄纳村弄纳组
	新屯镇弄林雨量站	25°14′	106°08′	新屯镇弄林村下院组
	新屯镇新屯雨量站	25°14′	106°05′	新屯镇新屯村坝关组
	新屯镇小米地雨量站	25°17′	106°09′	新屯镇小米地村波树组
	新屯镇纳林雨量站	25°18′	106°04′	新屯镇纳林村纳介组
	新屯镇纳包雨量站	25°17′	106°07′	新屯镇纳包村纳学组
	新屯镇唐家坪雨量站	25°02′	106°08′	新屯镇唐家坪村姚湾组
	打易镇毛坪雨量站	25°22′	106°06′	打易镇毛坪村高寨桥
地表水位	望谟县城王母桥水位站	25°11′	106°06′	望谟县城王母桥
	新屯镇石头寨大桥水位站	25°16′	106°07′	新屯镇石头寨大桥
	打易镇水位站	25°22′	106°06′	打易镇
局地强降雨	打易镇微雨雷达	25°22′	106°07′	打易镇政府办公楼顶
	凉风坳测雨雷达	25°24′	106°07′	凉风坳
滑坡监测	打易中小学后滑坡体综合监测站	25°22′	106°07′	打易中小学后滑坡体

2. 监测系统结构图

　　望谟河小流域示范区山洪灾害监测系统结构如图 4-21 所示。示范区监测系统主要包括传感器与测试、数据自动采集与传输、数据汇集、预警分析几个部分，以确保示范区监测体系安全、有效地监测和采集数据。其中，雨量计、水位计、渗压计、位移计、测斜仪等传感器通过外接蓄电池、采集及传输装置（GPRS 模块）实现与云数据库服务器端的数据传输，微雨雷达及测雨雷达分别以有线以太网及 4G 网络的方式实现监测数据的传输。在云数据库服务器端进行数据汇集以后，当地山洪灾害监测数据库可以与之进行数据共享交换，技术人员可以通过远程访问的方式对所监测数据进行初步分析，并在此基础上提供预警与决策支持服务。

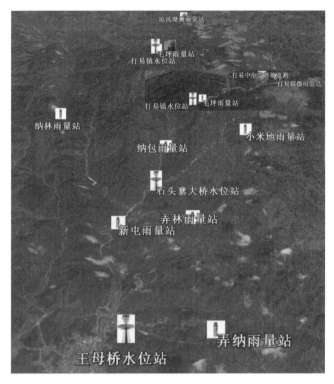

图4-20　望谟河小流域示范区监测站点位置分布

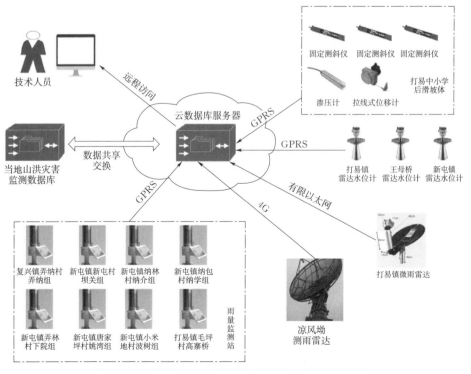

图4-21　望谟河小流域示范区山洪灾害监测系统结构

4.2.3.3 仪器设备的埋设安装

示范区所有仪器的安装均由当地防御部门陪同指导，并由长江水利委员会长江科学院负责安装完成。

1. 遥测水位计的布置安装

遥测水位计一般安装在小流域主河道上。根据现场情况制作安装支架，保证探头离建筑物距离不少于2m，且探头与水面保持平行。遥测水位计的埋设安装示意图和现场安装如图4-22和图4-23所示。

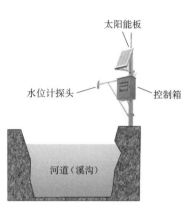  

图4-22 遥测水位计埋设安装示意　　　　图4-23 遥测水位计现场安装

2. 遥测雨量计的布置安装

遥测雨量计一般布置在距离径流场最近的农户或其他建筑物的院内或房顶上，保证四周开阔，无遮挡，且满足便于管理的要求。遥测雨量计的埋设安装示意图如图4-24所示。

遥测雨量计的具体安装步骤如下：

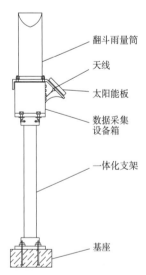

图4-24 遥测雨量计
埋设安装示意图

（1）将一体化支架放置在预埋的混凝土基桩或安装平台上并固定。

（2）拧开固定数据采集设备箱盖四周的4个螺钉，向上提起机箱盖，用螺栓、垫片从数据采集设备箱内部向下穿过4个底板固定孔，用螺母进行固定。安装时注意使太阳能电池板朝向南面。然后在计算机上进行数据采集设备箱的通信调试。通信正常后装好并用螺栓固定。

（3）从雨量计箱中取出翻斗雨量筒，拧开筒身上的3个内六角螺母，然后向上提起筒身，将筒身先放置到一边。然后将数据采集设备箱顶部引出的雨量线从雨量筒底部的电缆护套穿入雨量筒内部，并用螺丝刀将雨量线的地线接入接线座的公用地线端子，然后将信号线接入信号线端子，将2个端子拧紧。

（4）将雨量筒的3个地脚放入数据采集设备箱顶部的3个底脚螺栓中，用螺母固定。然后安装好雨量计的翻斗，并拨动翻斗，检查数据中心有无收到的数据。

（5）安装完毕后用标准量杯向雨量计注入 10mm 水，查询数据中心是否收到等量的雨量数据。

示范区遥测雨量计现场安装如图 4-25 所示。

（a）弄纳雨量站　　　　　　　　　　（b）弄林雨量站

（c）波树（小米地）雨量站　　　　　　（d）纳林（纳介）雨量站

图 4-25　示范区遥测雨量计现场安装图

3．微雨雷达的布置安装

微雨雷达的安装环境要求为四周空旷且无遮挡，打易镇政府办公楼楼顶四周较为空旷，且安装基座基础较好，便于微雨雷达的安装。微雨雷达的安装示意图如图 4-26 所示。

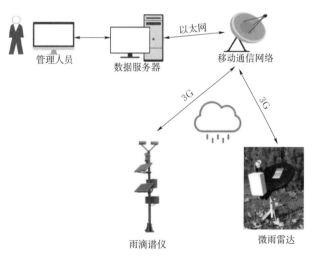

图 4-26　微雨雷达安装示意图

微雨雷达的具体安装步骤如下：

（1）安装雨滴谱仪和微雨雷达设备基座，两基座之间要求间隔 1m 以上，防止下雨时雨水间相互干扰。

（2）安装设备支架、接入设备信号线及电源线。

（3）设备调试。采用笔记本电脑直接接入设备进行参数设置及现场调试，并通过 GPRS 模块进行远程控制与传输的调试。

（4）设备线缆的固定与调试。

（5）防雷措施设备的安装。

微型雨雷达现场安装如图 4-27 所示。

图 4-27　微型雨雷达现场安装图

4. 测雨雷达的布置安装

测雨雷达安装点应尽可能位于本示范区暴雨中心位置，根据测雨雷达的工作环境要求，将测雨雷达站站址设在望谟县打易镇海拔近 1800m 处的凉风坳。长江科学院会同安徽四创电子股份有限公司工作人员，克服种种困难，历经一个多月的建设、设备安装调试，使测雨雷达顺利投入运行。

由于测雨雷达站站址海拔较高，设备架设安装条件恶劣，现场无水、无电、无有线通信网络。安装现场解决了安装基础建设、电缆挖沟敷设、交流电源接入、无线网络搭建等问题。通过电信 4G 无线上网终端实施了现场工控机的上网功能，通过 Teamviewer 软件实现工控机的远程控制及维护，通过网盘软件同步雷达测雨数据至云服务器。将工控机配置在断电后自动重启功能，以应对当地比较频繁的停电情况，减少维护工作量。在软件编程方面，现场解决了无线终端开机自动登录及拨号功能，即工控机重新启动后可自动实现联网功能。网盘同步功能可即时同步，以保证数据的及时更新及完整性。最终实现了雷达站无人值守及累积降雨量数据的远程获取。

雷达测雨站现场安装及调试图如图 4-28 和图 4-29 所示。

5. 测斜仪、渗压计及大量程位移计的布置安装

为对示范区的典型山洪滑坡进行监测，在打易中小学后的山滑坡体前缘和后缘分别布

图 4-28　雷达测雨站现场安装

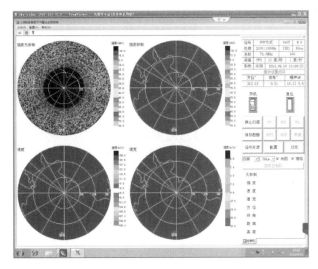

图 4-29　雷达测雨站调试图

置安装了固定式钻孔倾斜仪、渗压计、大量程位移计，实现了自动采集、无线传输和远程控制等功能。

（1）测斜仪的安装埋设。

测斜仪的安装示意图如图 4-30 所示，具体安装步骤如下：

1）首先将底部滑轮组与连接管相接，然后穿入螺栓固定。

2）用钢丝绳将连接好的滑轮组固定绑扎后拉住组件，然后与杆一同放入测斜管中。

3）用接头将连接杆连接加长，达到第一支预定传感器位置后进行下一步。

4）连接传感器及中间滑轮组，滑轮的方向与上述的方向一致。

5）继续延长连接杆，并将传感器电缆用尼龙扎带绑扎在连接杆上。重复上述步骤，直至到最后一根连接杆安装完毕。

6）安装顶部托架装置并将电缆引出测斜管口，然后将顶部托架卡在管口上。

7）安装管口保护装罩。用读数仪检查各个传感器初始读数并记录，安装完毕。

（2）渗压计的安装埋设。

渗压计的安装示意图如图 4-31 所示。由于渗压计的透水板有一定的渗透系数，而水压力又是穿过透水板后作用在渗压计的感应膜上，如果透水板与感应膜前的储水腔没有充

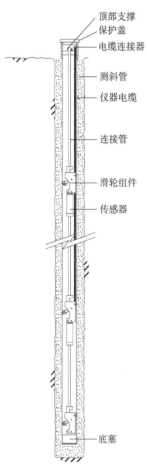

图 4-30 测斜仪安装示意

满水（含有气泡），将会造成渗压计测值的严重滞后。安装埋设前渗压计端部的透水板必须驱除空气。测斜孔直径不小于 100mm，埋设前测量好孔深，并清理钻孔，清理深度至少比要求的渗压计埋设高程深 0.40m。安装埋设前，先将仪器装入能放入钻孔内的沙包中，包中装粗砂。向孔底倒入 40cm 厚的级配砂，然后将装有渗压计的砂包吊入孔底。仪器吊装好后对仪器进行读数以确定渗压计是否完好的，此后填入 40cm 厚的中粗砂，然后向孔内灌水，使观测段饱和，再填入 20cm 厚的细砂，余下孔段灌注水泥砂浆，至此，渗压计安装完成。

（3）大量程位移计的安装埋设。

大量程位移计的安装示意图如图 4-32 所示。

传感器被固定在稳定点，另一端则固定在滑坡体的另一端作为动点，当动点产生位移变形后，将通过连接杆传递。示范区大量程位移计的现场安装如图 4-33 所示。

4.2.4 马贵河流域

4.2.4.1 监测目标及对象

本研究在山洪灾害高风险区域及灾汛情识别的基础上，选择马贵河流域作为监测区域，由于地层岩性、地形、地貌、降雨等因素的作用，山顶和坡面上以花岗岩风化浅层碎屑物崩滑为主，沟道内发育有山洪及泥石流。为全面了解山洪灾害发生、发展、成灾过程的规律，达到防灾减灾目的，将监测目标与对象设定为滑坡、泥石流、山洪 3 个灾种的灾害现象。

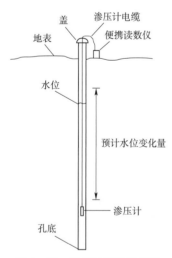

图 4-31 渗压计安装示意图

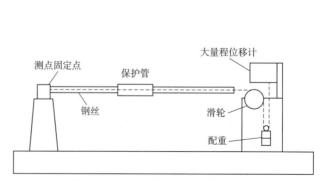

图 4-32 大量程位移计安装示意图

4.2.4.2 监测内容

监测目标中包括3种灾害类型，根据项目研究主题，重点监测滑坡、泥石流、山洪灾害的降雨雨量和成灾过程。

滑坡监测内容包括滑坡体的地表位移监测、降雨量监测、滑坡体孔隙水压力监测、土体含水量监测等。

泥石流监测内容包括降雨量监测、泥石流的断面泥位监测、泥石流物源区土体的孔隙水压力和土体含水量监测等。

图4-33 大量程位移计现场安装

山洪监测内容包括断面洪水的水位、流量监测和降雨量监测。

4.2.4.3 监测方案设计

经过相关研究人员的共同研究，选择马贵河流域为研究示范区，监测对象为深水村、马贵镇、三家村的山洪断面、崩塌、滑坡、泥石流灾害点。以深圳莫尼特仪器设备有限公司山洪灾害监测设备作为主要监测设备，对马贵河流域的降雨型滑坡、泥石流、山洪进行实时监测。仪器布置位置如图4-34所示。

图4-34 野外仪器布置位置

物联网山洪信息化管理平台共拟定了3大灾种、6大野外监测站，包括6个雨量监测站、2个泥位监测站、2个表面位移监测、2个水位监测、4个孔压监测和4个土体含水量监测，如图4-35所示。野外监测站点位置见表4-6。

表4-6 野外监测站点位置

灾种	监测站	纬 度	经 度
滑坡	监测站点1	22°13′53″N	111°19′3″E
	监测站点2	22°13′55″N	111°19′2″E
泥石流	监测站点1	22°13′24″N	111°18′28″E
	监测站点2	22°10′56″N	111°18′54″E
山洪	监测站点1	22°11′27″N	111°18′55″E
	监测站点2	22°11′31″N	111°18′5″E

4.2.4.4 野外安装布置

2017年6月，进行了山洪灾害的野外安装和初步调试，截至2018年4月预警软件尚在开发中，仪器设备已调整完毕，正常运行，存储在阿里云，可以实时查询山洪水、雨情信息。野外设备安装及调试如图4-36所示。

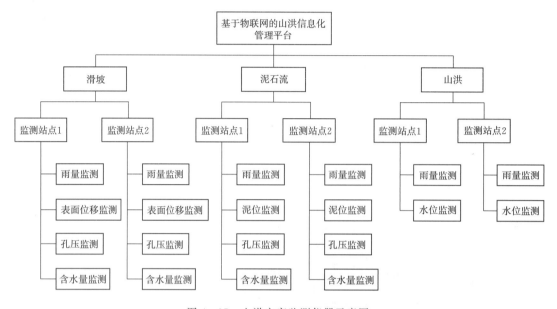

图4-35 山洪灾害监测仪器示意图

4.2.5 白沙河流域

白沙河是岷江上游左岸一级支流。白沙河河流源于龙门山脉南段光光山南麓，河长

图4-36（一） 野外设备点安装和调试

图 4 - 36（二）　野外设备点安装和调试

62km，流域面积 $364km^2$，汇入岷江的河口附近设有杨柳坪水文站。白沙河水能资源丰富，供水量足且径流年际变化较稳定，水质也较为清澈，为成都市的水源之一。近年来，白沙河中游河段深溪沟、庙坝区域频繁暴发暴雨山洪灾害，大量泥沙淤堵河道、淹没住房，中断了成都的饮用水源，造成重大人员伤亡和经济损失。自 2015 年起，四川大学科研人员在岷江支流白沙河小流域建立了典型小流域山洪原型观测系统，同时与杨柳坪水文站建立了合作关系，主要是为了实时获取该区域降雨、水位、流场、流量变化资料，突出研究西南山区小流域暴雨山洪灾害的致灾机制与预警防灾技术。

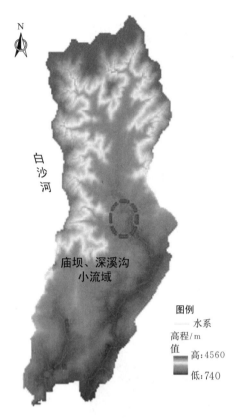

图 4-37 白沙河流域位置及灾害情况

3个水位观测站分别是汇合口白沙河上游的庙坝站、汇合口白沙河下游的深溪沟社区站、深溪沟干流上的深溪沟站，与水文图像站合并建设。雨量站拟建于深溪沟河中游，与深溪沟水位观测站合并建设，但经查看该流域为深山峡谷，河流两岸泥石流泛滥，山村机耕路多处垮塌中断，深溪沟水位站位置雨量受房屋、树木遮挡，影响雨量观测，故将雨量站与白沙河上游的庙坝站合并建设，同时观测水位雨量。遥测站布设如图 4-37 所示。

小流域暴雨山洪监测系统结构如图 4-38 所示，相关监测站点情况如图 4-39 所示。

典型小流域山洪原型观测系统由 1 个中心站、2 个水位站、1 个水位雨量站和 3 个水文图像站组成站网。

流域监测站点布设位置如图 4-40 所示，庙坝水位雨量站布设位置如图 3-41 所示。

庙坝水位雨量站（图 4-41）位于白沙河汇合口上游约 0.5km 处白沙河右岸的农家乐庭院，经度 $103°38'9''$、纬度 $31°6'18''$。断面位置水位变幅约为 4m，在右岸农家乐庭院修建的混凝土挡水墙外河边岩石上修建 3m 高的杆支架，安装 20m 量程的雷达水位计和翻斗式雨量计，河道为东西向，设备安装位置较为开阔，使用

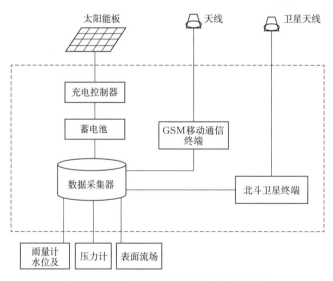

图 4-38 小流域暴雨山洪监测系统结构

图 4-39　监测站点现场

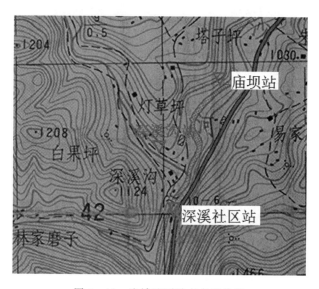

图 4-40　流域监测站点布设位置

80W 太阳能电池供电。选 GPRS 作为主用信道、北斗卫星作为备用信道；视频数据只能本地存储，农家市电供电，并配置 UPS。

深溪沟水位站（图 4-42）位于深溪沟与白沙河汇合口上游约 0.5km 处深溪沟河右岸的农家乐后院，经度 $103°37'37''$、纬度 $31°5'42''$。断面位置水位变幅约为 5m，在岸边农家乐后院修建的混凝土堡坎观景平台上安装 20m 量程的雷达水位计，观景平台可修建 3m 高的杆式仪器支架，河道为南北向，设备安装位置较为开阔，使用 80W 太阳能电池供电。选 GPRS 作为主用信道、北斗卫星作为备用信道；视频数据只能本地存储，农家市电供电，并配置 UPS。

图 4-41　庙坝水位雨量站

图 4-42　深溪沟水位站

图 4-43　深溪沟社区水位站

深溪沟社区水位站（图 4-43）位于深溪沟与白沙河汇合口下游约 1km 处白沙河左岸社区办公楼的平台上，经度 103°37′41″、纬度 31°5′31″。断面位置水位变幅约为 5m，在吊脚楼观景平台上修建 3m 高的杆式仪器支架安装 20m 量程的雷达水位计，河道为东西向，南北向为高山峡谷，设备安装位置日照时间较短，使用 80W 太阳能电池供电。GPRS 作为主用信道、北斗卫星作为备用信道；视频数据只能本地存储，社区市电供电，并配置 UPS。

4.3　山洪立体监测预警体系运行成果分析

山区小流域突发性洪水流速快、预见期短、分布广，围绕暴雨型山洪灾害监测因子复杂性，在物联网体系架构基础上，以降雨、土壤水、地表径流等多要素为监测对象，以多模数据链波形为传输手段，构建暴雨山洪无人值守多源异构网络监测体系架构，开展多维监测的物联网架构与多参因子间关联机理研究及位置信息挖掘关联技术研究，分析非实时、长周期大数据和实时、短周期小数据等结构化数据，研究智能感知微系统技术突破异构多源位置数据汇聚整合、深度关联挖掘、多视角可视化展现等技术瓶颈，研发山洪灾害链多要素实时监测技术，综合利用各种传输信道，按照统一的信息标准、交互协议、信息流程和处理规则，自动获取、高效表征、实时分发、自动处理、综合应用各类感知要素信息，并基于标准体系架构横向融合各感知要素。针对分层架构中大量冗余数据导致的采集和传输效率低下的问题，以减少网络数据传输量、降低网络能量消耗为目标，研究基于采样序列相关性的数据压缩技术；开展基于无线电认知的区域无线电信号协作处理技术的研究，突破多层次业务驱动的空间通信与按需接入及网络融合互联。研究泛异构多网协同及边缘计算核心关键技术，分析小流域无线自组织网络的系统容量、网络延时、传输距离和拓扑结构等关键要素，研究广域覆盖的大规模自组织网络技术及基于云边协同框架的分层数据融合处理技术，突破基于多传感器数据关联、协同融合处理及协同监测技术，构建暴雨型山洪灾害多源多模监测模型（图4-44）。

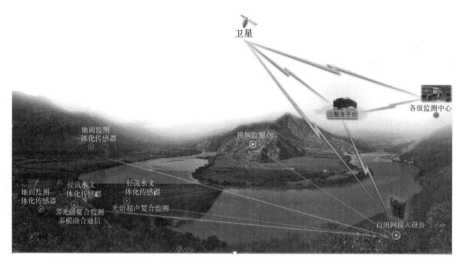

图4-44 山洪立体多要素监测预警体系示意图

4.3.1 山区洪水多要素监测设备研发

短时临近强降雨是形成山洪的重要因素之一。有效地监测暴雨和持续降水，并开展预报预测工作，是预防山洪灾害的重要工程措施之一。研发暴雨洪水的多要素监测设备主要布设于局地暴雨重点关注区域，适应山区复杂环境，完成监测点位实时雨量监测及远程传输，可监测降雨量（与时间相关）、降雨强度、降雨历时、土壤含水率；推导点径流量。传感数据可通过通用、专用通信手段全天时全天候不中断稳定传输至服务器，通过对监测环境下传感数据的监测，可为暴雨监测与长期态势发展预测提供依据。

研发的仪器主要包含微纳感知降雨-土壤水分监测仪和径流监测仪，如图4-45～图4-48所示。传感器是能够采集和传出数据的设施，山洪灾害监测要素主要包括降雨、径流和土壤要素，分别对应山洪驱动因子、产汇流过程和下垫面特征。研究人员力图研发低功耗、小型化、无线传输数据、具备"三防"功能（防尘、防水、防腐蚀）的监测装置，该型设备主要由降雨、径流流速、水位、含沙量、土壤水分测定组件以及处理平台和发射/接收等部分组成。其中主要组件，如降雨监测采用压电式 MEMS（Micro Electro Mechanical System）传感器数组方法实现雨量及过程监测。土壤水分监测通过测量土壤的介电常数随水分含量变化计算土壤含水量，并利用频域反射法实现土壤水分动态变化的测量与反演。

图 4-45 微纳感知降雨-土壤水分监测仪

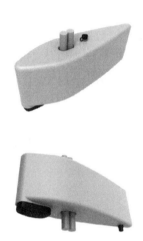

图 4-46 微纳感知径流监测仪两视图

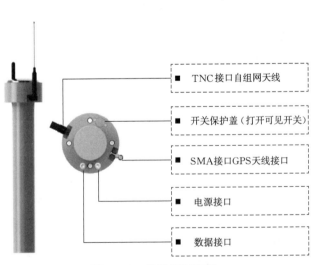

图 4-47 微纳感知降雨-
土壤水分监测仪两视图

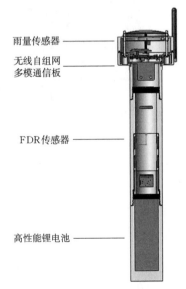

图 4-48 微纳感知降雨-
土壤水分监测仪剖面图

仪器研发精度自我校准选取了2019年3月至2020年6月期间共计13场降雨结果进行比对，依据国家雨量测量规范《降雨量观测规范》（SL 21—2015），以日降水量≥0.1mm《水文基本术语和符号标准》（GB/T 50095—98）为标准，以上午8时为日分界，从前一天8时至当天8时的降水量为昨日降水量，同时将24h雨量作为场次雨量。在收集的近百场降雨中，选取绝对同步的13场降雨进行测试分析，在具体分析时，由于本产品的测雨精度为0.01mm，参证气象站的精度为0.1mm，所以在统计时段内，本产品测雨量≥0.05mm时，按0.1mm计；<0.05mm时，按0.0计。具体监测数据见表4-7及图4-49和图4-50所示。

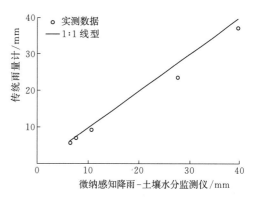

图4-49　微纳感知降雨-土壤水分监测仪和传统雨量计监测成果对比

表4-7　　　　　　　　观测时段内微纳感知监测仪与传统雨量计雨量值对比

场次	日　期/（年-月-日）	历　时	传统雨量计/mm	微压电式雨量计/mm
1	2019-03-13	20：00—01：50	7.0	8.4
2	2019-03-22	14：00—20：50	7.0	8.4
3	2019-04-01	04：40—07：50	6.2	6.9
4	2019-04-02	08：00—20：50	4.0	8.8
5	2019-04-08	05：30—07：40	20.0	20.9
6	2019-04-09	08：10—17：20	7.4	13.0
7	2019-04-10	19：30—01：40	29.8	32.4
8	2019-04-18	00：30—01：40	9.4	11.0
9	2019-04-20	00：00—07：50	15.0	17.7
10	2019-04-21	08：20—03：50	13.6	17.1
11	2019-04-29	08：00—04：10	20.2	24.2
12	2019-11-12	20：00—06：20	11.6	13.2
13	2019-11-26	09：00—07：30	11.2	12.1
合计			162.4	194.1

对比测试结果，表明整体测试结果与实际较为吻合，复相关系数达0.95，微纳感知监测仪测试结果偏大，平均偏高27.8%。图4-50结果表明所研发的微纳感知监测仪，在降雨、土壤含水量和流速方面的测量结果与传统仪器测量结果拟合较好，且相较于传统测量仪器，微纳感知传感器具有体积小、性能高、灵活机动的特点。同时，研发的监测仪器具有能耗小、充电蓄能快的优点，在达到一定的降雨量、土壤含水量和流速数值的时候被激发进入工作模式，能够适用于复杂山区环境山洪多要素监测。本次研发的山洪灾害暴

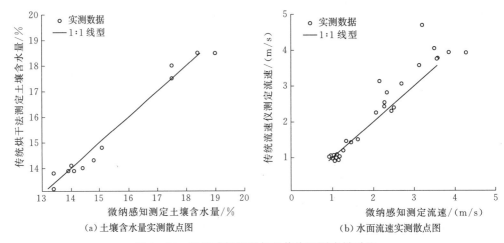

（a）土壤含水量实测散点图　　　　　（b）水面流速实测散点图

图 4-50　微纳感知监测仪和传统监测成果对比

雨、径流和土壤含水量要素监测设施采样频率可根据实际情况进行远程设置，通常在非汛期设置为 1h，在汛期设置为 10min，以实现对山洪过程要素的全面、实时监测。

　　根据表 4-7 中所述降雨观测对比的结果，首先分析数据间的两两相关性，这直接反映到观测设备对降雨的灵敏度，传统雨量计采用的是自动计量式的雨量记录方式，而本研发微纳感知监测仪采用压电传感式，分析对比了从仪器布设到目前为止共计 13 场有效降雨的观测数据的，各组数据的相关性系数见表 4-8。

表 4-8　　　　　　　　观测时段内微压电式雨量计与传统雨量计数据相关性比较

场次	日期/（年-月-日）	历　时	相关性/%
1	2019-03-13	20：00—01：50	89.3
2	2019-03-22	14：00—20：50	84.2
3	2019-04-01	04：40—07：50	89.3
4	2019-04-02	08：00—20：50	83.6
5	2019-04-08	05：30—07：40	97.2
6	2019-04-09	08：10—17：20	95.9
7	2019-04-10	19：30—01：40	84.9
8	2019-04-18	00：30—01：40	91.8
9	2019-04-20	00：00—07：50	94.4
10	2019-04-21	08：20—03：00	88.3
11	2019-04-29	08：00—04：10	92.1
12	2019-11-12	20：40—06：20	98.5
13	2019-11-26	09：00—07：30	65.8

　　从表中可以看出 13 场降雨 2 种降雨测量仪器相关度系数平均数为 88.9%，除去最后一场雨，观测的相关度能达到 90% 以上。因此两者的具有比较好的契合度。

4.3.1.1　观测精度分析

　　参考水文模型纳西效率系数的计算方法，这里根据研发的设备观测值与传统雨量计测得值，研究人员希望对研发设备进行观测精度的求算。具体每场雨的观测精度见表4-9。

表4-9　　　　　观测时段内微纳感知监测仪与传统雨量计精度比较

降雨日期	3月13日	3月22日	4月1日	4月2日	4月8日	4月9日	4月10日
精度/%	78.6	67	72.9	68.5	92.8	91.7	71.7
降雨日期	4月18日	4月20日	4月21日	4月29日	11月12日	11月26日	平均值
精度/%	84.2	88.9	77	82.3	96.7	70	80.2

从表4-9中可以看出，研发设备总体观测精度达80.2%，考虑到各种误差因素的影响，该设备基本满足雨量观测的精度要求。从13场降雨实测值比对结果说明，微压电式雨量计与标准雨量计测得的雨量值基本趋势一致，噪声起伏较大；主要原因是微纳感知监测仪探测灵敏度过高（0.01mm），增加了误判为降雨的概率。在优化了测量精度（0.1mm）和加权算法后，两者的雨量值误差在可接受范围内，可以继续进行外场试验。

同时，在对研发仪器灵敏度进行人为修正之后，与传统雨量计的实测值（默认为真值）进行对比，见表4-10。由于本项目研发的微纳感知监测仪灵敏度较高，从某种层面来说，传统雨量计测得的雨量零值，可由本项目研发仪器测出。根据表4-10微纳感知监测仪与传统雨量计实测散点图，经过修正后的研发监测仪测得值与传统雨量计测得的"真值"拟合度有所提升。

表4-10　　　　　观测时段内微纳感知监测仪与传统雨量计雨量值对比

降雨时间	3月13日	3月22日	4月1日	4月2日	4月8日	4月9日	4月10日
传统/mm	7.0	6.2	4.0	20.0	7.4	29.8	9.4
研发/mm	7.8	5.4	7.0	19.6	7.0	31.8	9.2
降雨时间	4月18日	4月20日	4月21日	4月29日	11月12日	11月26日	
传统/mm	15.0	15.8	13.6	20.2	11.6	11.2	
研发/mm	17.3	16.8	16.9	20.0	11.0	9.2	

4.3.1.2　山洪微纳感知设备检测过程

为进一步检验研发的山洪微纳感知设备测量的效果，研发人员委托专业机构（水利部水文仪器及岩土工程仪器质量监督检验测试中心）对监测仪进行了检测。2020年在江苏南京、陕西杨凌以及广西南宁等多地进行了监测仪精度检测，同时还检测了包括土壤含水量、流速、水位、含沙量等指标，见图4-51。

4.3.1.3　仪器研发检测结果

2020年7月，仪器研发人员委托水利部水文仪器及岩土工程仪器质量监督检验测试中心对NG-PS-101型降雨土壤水分微感知计进行试终检测，同时对NG-HF-201型水文多要素微感知仪的水位、流域、浊度要素进行试终检测。两个仪器检测结果均能满足山丘区暴雨洪水要素监测需求。

4.3.2　山洪监测信息实时多链路传输关键技术

基于通用物联网标准架构体系，运用空天地一体化先进技术与传统监测技术手段，建

图 4-51 设备检测现场

立"信息感知链"和"协同共享链"，分析降雨、土壤水、地表径流等多要素的低功耗一体化监测方法，开展感知信息挖掘关联技术研究，构建关注信息推理和理解模型与算法，研发山洪灾害链多要素实时监测技术。

4.3.2.1　复合微纳传感器设计与应用技术

针对山洪灾害关键要素监测轻量化、模块化、集成化需求，及动态变化、多源多维、耦合度低等特点，研究适合小流域场景的多模数据链波形，研究集要素感知、信息融合、无线传输、规模组网于一体的微感知设备集成技术，开展多维监测的物联网架构与多参因子间关联机理研究、微感知监测与自动识别技术研究、山洪灾害要素的生态质量评价及监测技术研究；运用 MEMS 微机械技术和微纳三维异质集成制造技术，降低功耗和体积，形成模块化的复合传感器阵列，实现降雨、土壤水、坡体变形、地表径流等多要素的监测。

复合微纳传感器采用 MEMS 微机械技术，在小体积空间内高度集成传感器阵列、信号处理、能源管理等功能单元，在满足各功能单元正常工作的前提下，研究如何实现电路设计部分尺寸最小化，减小相互间的耦合和干扰，以及如何实现传感器各功能组件内部和组件之间的高密度封装。复合微纳传感器选择多元阵列结构来提升感知精度，通过多种类、多阵元的协同工作提升单体传感器性能。

复合微纳传感器一体化封装技术通过微纳系统三维集成技术，建立电学-热学-机械学多物理场的模型，通过仿真优化结构，实现多种材料多种封装之间的高密度封装。在有限体积空间内进行高密度集成封装，构成材料种类繁多，电路结构布局复杂，各个模块和单元的工作条件和对外的影响各不相同，从电学连接、电磁辐射和屏蔽的角度，特别是通信模块与感知模块的电磁屏蔽与隔离，需要合理配置模块间的相对位置和互联走线，尽量减小相互间的耦合和干扰。由于空间狭小，热应力或者散热不佳，会导致系统失效。针对高密度的封装所造成的高能量密度，对各功能模块的工艺热力学分析是封装设计的关键。

4.3.2.2　基于云边协同框架的分层融合处理技术

当微感知设备规模较大时，无论采用集中式还是分布式数据融合结构，数量众多的传感器节点产生的大量信息仍旧会给通信和融合中心带来巨大的压力。融合中心需要对大规模的节点数据进行协同处理，算法复杂度会随着节点数量的增加呈现指数级增长，变得不可实现。

物联网服务流程通常包括分散在不同监控区域、种类繁多的传感器，传统的流程执行方法需要将地理位置分散的物理设备产生的数据移动到位于数据中心的服务流程中进行统一处理。这种集中式的处理方法导致了大量的数据在网络中移动，增加了通信网络负担和数据处理时延，并且不能满足物联网服务系统动态管理的需求。因此，物联网服务流程需要分布式运行。基于云边协同框架的分层融合处理技术拟采用流量感知的物联网服务流程资源的分割与分布式部署算法，通过将大规模物联网服务流程切分为若干个子服务流程，并将这些子服务流程以分布式的方式进行部署。分布式部署将大规模的节点设备划分为若干个层次，每个层次由多个簇头组成，上层簇头负责管理低一层次的簇头组成的集合，网络结构自下而上。这种融合结构均衡了网络能量消耗，提高了数据传输效率并获得了更高的性能。

此外，通过探索数据融合处理设计方法，以解决多传感器融合过程中面临的计算能力不足的问题。

运用基于云边协同框架的分级融合处理技术，将非实时、长周期的大数据和实时、短周期的小数据分类处理，解决海量布设的微感知节点设备带来的融合、传输和存储压力；分析分层架构中冗余数据对采集和传输效率的影响，分析网络分簇、节点位置感知对网络结构的影响，以减少网络数据传输量、降低网络能量消耗为目标，研究利用分簇对数据进行跨层分级管理，研究基于采样序列相关性的数据压缩技术；分析小流域无线组网的系统容量、网络延时、传输距离和组网方式等系统指标，研究广域覆盖的大规模自组织网络技术；研究利用软件无线电技术集成多种自组网和广域网的波形，结合设备类型、信道质量、地理位置信息等物理指标，形成集多种通信手段于一体的自适应多模数据链技术。

4.3.2.3　自适应多模数据链技术

针对小流域的不同地形特征和山洪灾害链的不同感知要素，自适应多模数据链技术采用集抗干扰宽带通信、高可靠隐蔽通信、4G/5G 公网通信、卫星通信等多种信息传输手段于一身，可以根据地理位置、业务类型、信道特点智能选择传输手段，为不同硬件平台、不同应用场景提供高效、稳定、可靠的网络传输系统。其中，无线自组网通信包括两种通信手段，基于 MIMO - OFDM 的抗干扰宽带通信和基于 LC - DSSS 的高可靠隐蔽通信，MAC 层根据应用层数据类型和物理层链路状态自适应选择 Mesh 网络传输的通信制式。抗干扰宽带通信技术拟采用 MIMO - OFDM 通信制式，研究频谱环境自感知、分簇组网自形成、资源分配自调整、抗干扰自决策等关键技术，在非视距、快速移动条件下，采用无中心自组网的分布式网络构架，支持任意网络拓扑结构，如点对点、点对多点、链状中继、网状网络及混合网络拓扑等，主要用于传输音视频和 I/Q 采集信号等高速数据。高可靠隐蔽通信技术拟采用 LC - DSSS 通信制式，研制复杂环境条件下高可靠、高隐蔽性通信波形，突破信号盲捕、低复杂度均衡、LDPC 译码等关键技术，实现极低信噪比下的可靠通信，支持密林、坑道、水面、山体遮挡等极限通信场景，主要用于传输传感器数据、报警信息等低速的核心数据。

4.3.2.4　大规模自组织网络技术

针对野外缺少公网的应用情况，需要将大量随机布设的节点数据实时、自组织地收集起来，而在同一个网络中，不同传感器在探知能力、计算处理能力、通信传输能力和能量资源分配能力等方面有所区别，因此需要研究能够应对复杂应用环境、具有大规模组网能力的自组织网络协议。

本技术的组网采用混合式路由协议，将主动、被动式路由协议相结合。该协议需要支持中高速多媒体数据和低速核心数据混合传输、各个微感知设备间歇在网的应用场景，对网络资源进行合理的分配与优化，实时计算多个设备之间的路由关系并快速生成新的路由表，网络拓扑随之实时更新，从而使核心业务不受影响。协议应支持分层分簇的网络架构，具有网关功能的簇头设备是其中的重要组成部分，在全部节点周期都含有全面的路由协议信息。通过路由协议的设计确保在簇内通信的时间范围内，以主动式路由协议进行维护。需要研究簇头节点的选择方式，保证在高动态无线自组网运行的过程中，不会因为簇头节点的切换而导致节点的运行状态发生变化，从而无法为簇内部的路由表和邻近的簇表提供维护。除此以外，如何对网络拓扑变化、大跨度资源的分配与调度、应用服务质量、网络演进中复杂性增长进行有效控制管理也是自组网协议性能的关键。

4.3.3 监测预警体系应用成果

4.3.3.1 官山河流域应用成果

按照均匀布设以及泰森多边形法的原则，研究人员在官山河流域范围内布设了 10 台微纳感知雨量计，如图 4－52 所示。微纳感知雨量计运行良好，对流域范围内的雨量监测起到了实时、快速、稳定地监测目标，由于内置智能程序（无雨时休眠）、低功耗的特点，全程保持无人值守的工作状态，满足了山区雨量监测的要求。

图 4－52　丹江口市官山河流域微纳感知雨量计野外布设

雨量计成功收集到了具有代表性多场降雨过程，图 4－53 和图 4－54 展示了 7 月 17—18 日观测到的降雨过程。

8 月 20 日，官山河流域出现了大范围的强降雨天气。区域范围内平均降雨量达到 14.35mm/h，最大累计降雨量为官亭村 143.52mm，见表 4－11。为此，通过数据后台进行统计，成功捕捉到了这一降雨过程。

表 4－11　　　　　官山河流域站点 2020 年 8 月 20 日 8—18 时降雨数据　　　　单位：mm

站点	骆马沟村	铁炉村	官山镇	田畈村	新楼庄村	吕家河村	官亭村	店子河村
8	4.24	39.85	19.67	20.17	12.05	12.7	15.01	4.24
9	4.11	17.28	8.32	8.46	7.44	7.36	39.84	4.11
10	23.73	9.28	6.54	6.88	14.93	14.99	17.6	23.99
11	14.47	8.3	11.19	11.39	14.5	15	9.28	14.78

续表

站点	骆马沟村	铁炉村	官山镇	田畈村	新楼庄村	吕家河村	官亭村	店子河村
12	12.48	12.15	4.37	4.39	7.4	7.5	8.3	12.48
13	38.07	10.17	9.08	9.17	18.07	18.34	12.04	37.57
14	20.53	11	20.16	21.11	20.49	20.64	10.09	20.3
15	12.35	17.43	13.7	13.53	13.61	14.03	11	11.98
16	5.97	2	5.2	5.18	4.54	4.55	17.41	5.97
17	5.5	0.95	1.67	1.75	3.88	3.88	2	5.5
18	2.02	1.66	1.39	1.41	1.76	1.92	0.95	2.02
累计值	143.47	130.07	101.29	103.44	118.67	120.91	143.52	142.94

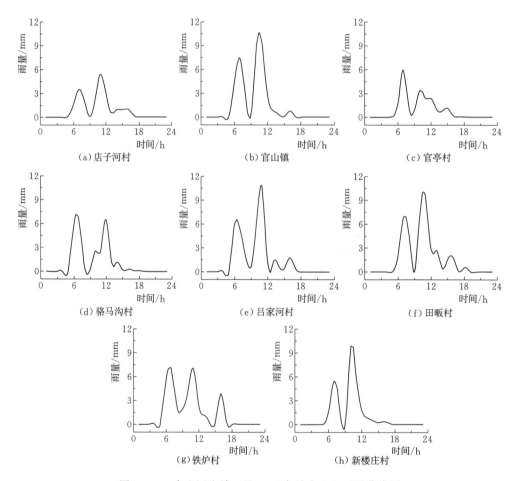

图 4-53 官山河流域 7 月 17 日各站点 24h 雨量曲线图

根据观测值绘制了官山河流域雨量累计值分布图，如图 4-55 所示。从图中发现，官山河流域本轮降雨具有一定的空间差异性，同时考虑研发的雨量计也存在一定的精度误差，但是却能满足山区暴雨监测环境复杂，以及均匀布设和快速稳定传输的特性。

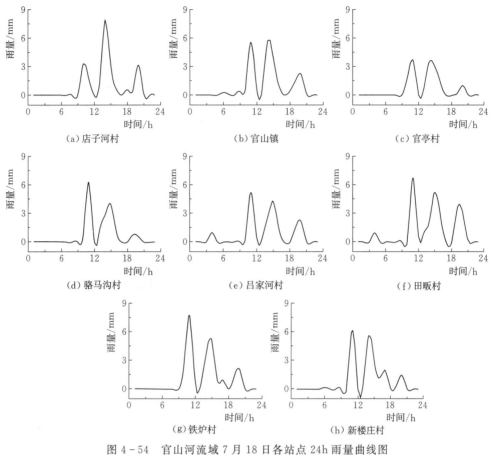

图 4-54 官山河流域 7 月 18 日各站点 24h 雨量曲线图

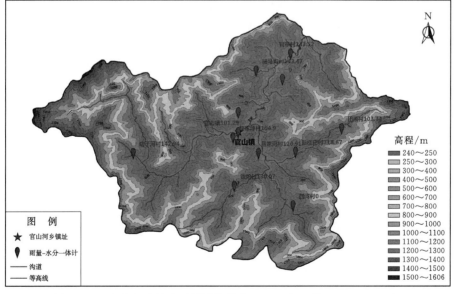

图 4-55 官山河流域降雨累计值分布（2020 年 8 月 20 日 8—18 时）

研究人员对官山河流域进行了50架次无人机航拍，官山河流域主沟道覆盖面积约为30.5km²，水平精度平均为5cm，主要为河道区域，主、支沟道河漫滩。通过高精度航拍资料，能够了解整个流域沟道的基本概况，同时根据相关遥感航片解译技术，标记了历史山洪受灾点，划分了受灾体、居民区，对重要的涉水建筑物（如桥涵、管道等）有了宏观的把握，如图4-56所示。

图4-56 无人机航拍及历史灾害点标记

通过航拍资料能够为基于水动力学山洪过程精细模拟演进提供基础数据。同时后续为河道演变、防洪规划与评价提供参考依据。

通过遥感影像图分析对比了2011年与2016年河道的差异性，如图4-57所示。

（1）面积变化：通过影响叠加分析，2011年原始河道面积为0.92km²，2016年变化为1.00km²，整个官山河主河道的面积拓宽了近8万m²。

（2）2011年主沟道影像图片所示呈现两个U形弯道，2016年因高速公路修建进行了裁弯取直，该段为"十房高速"（十堰市至房县高速公路），全长63.9km。

（3）经过影像对比，在人类活动条件下，2016年部分河道在2011年原有河道的基础上进行了拓宽。

4.3.3.2 望谟河流域成果

望谟河流域共布设了8个雨量站，分别位于复兴镇弄纳村、新屯镇纳包村、弄林村、新屯村、小米地村、纳林村、唐家坪村和打易镇毛坪村。2013年3月中旬建站，4月16日开始持续监测地面降雨。由于雨量数据较多，以打易镇毛坪村雨量站和新屯镇纳包村雨量站两个站点为例，进行监测资料成果展示及初步数据分析。打易镇毛坪村雨量站监测资料及降雨量分析结果如图4-58所示。

从图中可以看出，打易镇毛坪村2013年、2014年最大月降雨量分别为254.7mm、350.2mm，均出现在6月，2015年最大月降雨量为293.7mm，出现在5月。从该镇年际月降雨量对比分析图来看，降雨主要集中在4—9月，且不同年份的月降雨量差异较大。

新屯镇纳包村雨量站监测资料及降雨量分析结果如图4-59所示。

从图中可以看出，新屯镇纳包村2013年、2014年、2015年最大月降雨量分别为

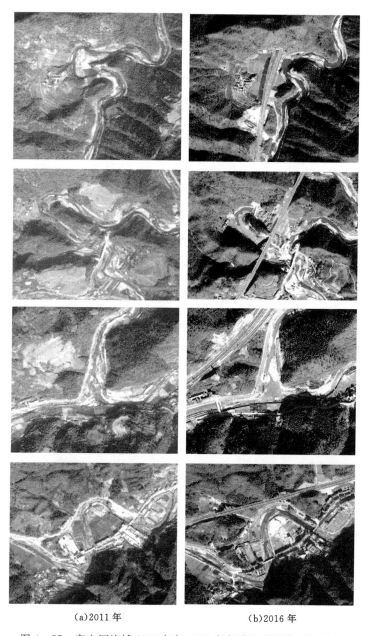

(a)2011 年　　　　　　　　　(b)2016 年

图 4-57　官山河流域 2011 年与 2016 年部分河道影像对比细节

220.5mm（2013 年 6 月）、355.8mm（2014 年 6 月）、235.3mm（2015 年 8 月）。从年际月降雨量对比分析来看，降雨主要集中在 4—9 月，且不同年份的月降雨量差异较大。

采用协同克里金插值法分别对 2013 年和 2014 年年降雨量进行空间插值处理，得到望谟河流域年降雨量区域分布图，如图 4-60 所示。从图中可以看出，望谟河流域年降雨量具有明显的空间不均匀性，表现出明显的自北向南逐渐减少的空间分带特征；2013 年和 2014 年年降雨量的空间分布总体特征相似，但在量值和分带规律方面又略有差异，表现出一定的年际不均匀性特征。

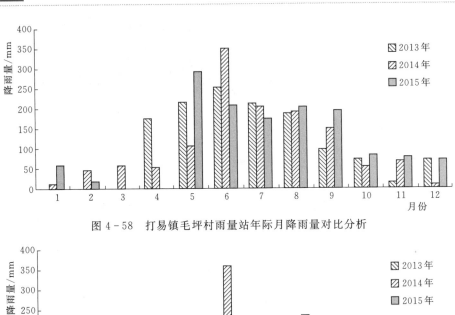

图 4-58 打易镇毛坪村雨量站年际月降雨量对比分析

图 4-59 新屯镇纳包村雨量站年际月降雨量对比分析

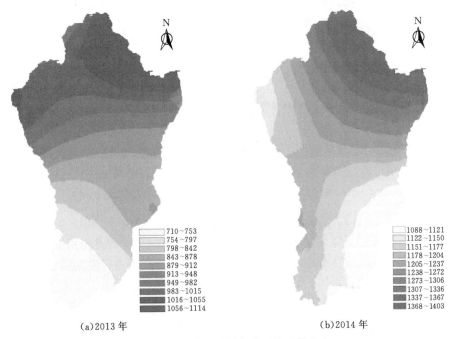

(a)2013 年　　　　　　　　　　　　(b)2014 年

图 4-60 望谟河流域年降雨量区域分布

　　望谟河流域共布设了 3 个地表水位站，分别位于望谟县城王母桥、新屯镇石头寨大桥和打易镇。以打易镇水位站和王母桥水位站为例，进行监测资料成果展示及初步数据分析，两水位站的水位监测过程线如图 4-61 和图 4-62 所示。从图中可以看出，山区溪河洪水水位具有陡涨陡落的特征。

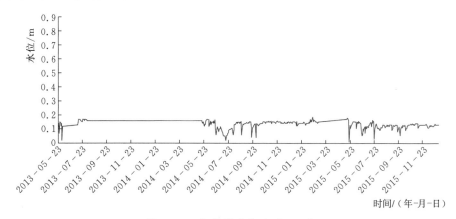

图 4-61　打易镇水位监测过程线

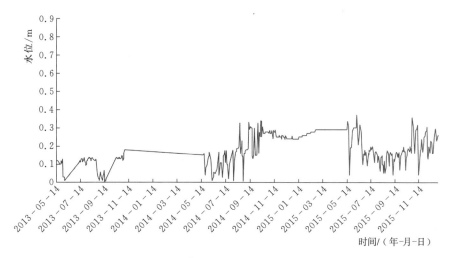

图 4-62　望谟县城王母桥水位监测过程线

　　德国 METEK 公司生产的微降水雷达（Micro Rain Radar，MRR）是常用的一种垂直指向雷达，用于观测降水垂直结构。其采用连续调频技术（FM-CW），工作频率为24GHz，波长为 12.5mm（K 波段）。MRR 利用多普勒效应，通过雨滴大小和散射截面、下落速度之间的关系，测量不同高度（垂直 30 层）的雨滴大小分布，并导出降水率、液态水含量、粒子下落速度和雷达反射率因子等数据。

　　以 2013 年 5 月 29 日 14：30—15：30 和 18：00—20：30 望谟地区的两次降水过程为例，其反射率因子时间-高度剖面图如图 4-63 所示。MRR 垂直方向共 31 层，高度分辨率为100m，最高测量高度为 3100m，采样时间为 10s；地面雨量筒最低分辨率为 0.5mm，采样时间为 1min。

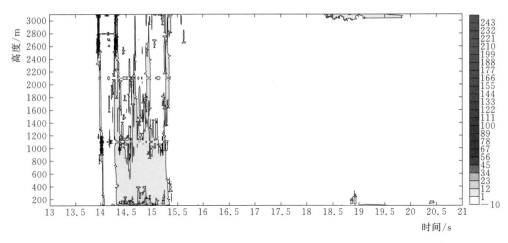

图4-63 两次降水过程反射率因子时间-高度剖面图

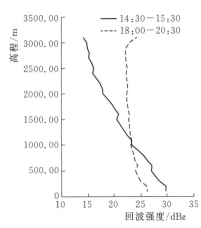

图4-64 两次降水过程MRR的
平均反射率因子垂直廓线

雷达回波分析如下:

2013年5月29日14:30—15:30的观测显示,MRR探测到15~48.70dBz的弱回波;18:00—20:30的降雨量较小,MRR探测到的雷达回波也较小,在0~30.39dBz之间变化。在其余时段无降水过程,雷达回波基本小于0。两次降水过程中MRR的平均反射率因子垂直廓线如图4-64所示。14:30—15:30的降雨量较大,低层平均回波强度较大,达到30dBz左右,并随高度增加回波强度较低较快,这是由于在强降水中MRR远距离回波衰减所致。18:00—20:30期间的降雨量较小,平均回波强度较小;MRR在高层同样存在衰减,但弱降水中衰减较小。雷达回波分析表明,MRR探测的雷达回波与降水过程有较好的对应一致性,MRR探测的雷达回波可以较好地探测和反映降水过程。

降水量对比分析如下:

两次降水过程中MRR反射率因子随时间变化曲线如图4-65所示。将MRR在100m、200m、300m和400m高度处测得的降水率与地面雨量筒观测的降水进行对比,如图4-66所示。由两次降水过程的1h累计降水量图显示,降水峰值较一致;MRR在100m高度处测得的降水率与地面雨量筒观测的降水较为吻合,峰值处偏差小于0.5mm,MRR在200m、300m和400m高度处测得的降水率依次降低,但趋势基本一致。降水量对比分析表明,MRR对弱降雨量有较高的探测精度。

降水资料可以来自雨量站或气象雷达的观测数据,对于雨量站资料的点数据,需要通过空间差值方法得到降水的空间分布进而得到面平均雨量,而气象雷达可以直接提供降水的空间分布,但一般需要对其进行校正。课题组在示范区布设的多普勒测雨雷达由安徽四创电子股份有限公司研制开发,研发时间周期较长。因项目时间的关系,目前只初步获取了测雨雷达的降雨二次产品，还未进行与地面实测雨量校正方面的研究工作。望谟地区多普勒测雨雷达降雨二次产品如图 4-67 所示。

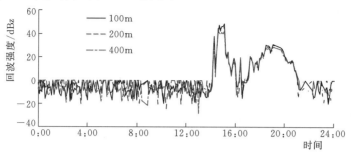

图 4-65　两次降水过程中 MRR 反射率因子随时间变化曲线

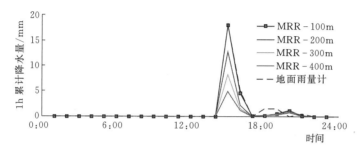

图 4-66　两次降水过程中 MRR 雷达和常规雨量筒 1h 累计降水量图

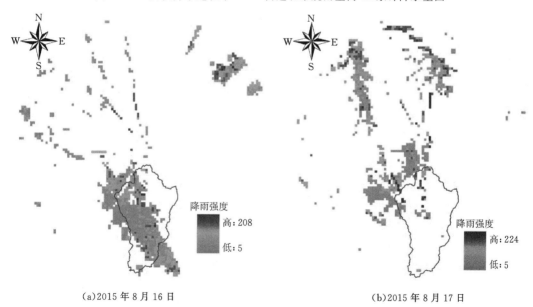

（a）2015 年 8 月 16 日　　　　　　　　（b）2015 年 8 月 17 日

图 4-67　望谟地区多普勒测雨雷达降雨二次产品

　　在望谟流域选取的典型滑坡为打易中小学滑坡，具体滑坡概况、基本特征、影响因素与变形破坏机制及监测系统以下分别进行介绍。

　　（1）滑坡概况。打易中小学滑坡位于望谟县打易镇打易中学教学楼及学生宿舍后的斜坡上，属于望谟县"6·06"特大暴雨诱发的地质灾害隐患点，同时也属于威胁集中居住区（学校）的重点地区重大地质灾害隐患点。在 2011 年 6 月 6 日，强降雨诱发局部滑坡，并沿冲沟堆积在原打易中小学蓄水池附近，致使原蓄水池被泥沙淹没报废，宿舍楼南侧及教学楼北侧部分教室及寝室被滑坡淹没，所幸当时正值放假时间，师生都已离校，未造成人员伤亡。但教学楼后部山体有一高 4m 的陡坎，存在潜在滑动面，且教学楼后挡土墙产生开裂现象，斜体岩土体比较松散，在雨季很可能会再次发生滑动，严重威胁打易中小学教学楼、宿舍及师生的生命和财产安全。望谟县国土局于 2012 年 2—4 月委托贵州省国土环境监测院对滑坡进行了地质勘察，并采取了地表排水沟、前缘混凝土抗滑桩及混凝土挡土墙等工程治理措施。

（2）滑坡基本特征。滑坡平面上呈"簸箕"状，近东西向展布，后缘最高高程 1437.00m，前缘最低高程 1363.00m。滑坡整体地势东高西低，平均坡度 23°。滑坡总体坡度上陡下缓，上部 28°～33°，下部分布多个小台阶，坡度 5°～10°。地质勘察结果表明，滑面上部为堆积层与基岩强风化接触带，下部为强风化层内部滑动，从剖面形态看，滑坡形态为折线形。滑坡主滑方向为 250°，长约 141m，滑坡体最宽处约 107.5m，总面积约 13791m²。滑坡后部相对较薄，一般为 0.5～5m；滑坡中部相对较厚，一般为 10～12m；前部相对较薄，一般为 2.8～11m；横向上看，两边薄，中间厚，厚度可达 13.4m。滑坡体积 102982m³，属于中型滑坡。滑坡滑体主要由含强风化岩块组成。下部为强风化层，其上分布一层 2～9m 厚的碎石土层，部分地区表层分布有 0.5～1m 的耕种土。

（3）滑坡的影响因素与变形破坏机制。地形地貌条件及人类活动：滑坡位于中低山侵蚀斜坡地带，坡度为 10°～32°。人类活动强烈，削坡破坏坡脚情况严重。

岩土体条件：出露地层为二叠系中统边阳组地层，岩性为粉砂岩、泥岩。受构造影响，岩体节理裂隙较发育，易风化，第四系覆盖层较厚。上部碎石土在降雨后力学参数下降。坡体下部岩层受构造影响，节理裂隙较发育，少部分已风化成土，遇水抗剪强度大大降低。

强降雨及其引发的山洪：该地区位于望谟县降雨最为集中的地区之一，2011 年 6 月 6 日发生强降雨，滑坡位于沟谷的回水区域内，雨水下渗使得岩土体处于饱和状态，降低了岩土体抗剪力学参数，下滑力不断增大，抗滑力不断减少。

滑坡变形破坏机制：该地区人类活动强烈，人工切坡使得滑坡下部现场一陡峭斜坡，在强降雨作用下，地表水渗透富集其表层，使得土体含水量增大，降低了潜在滑动面的抗剪强度，增大了滑坡的下滑力，降低了抗滑力。原挡墙排水效果差，下部岩土体压力不断增大，最终使挡墙发生开裂现象。滑坡前缘因人类工程活动形成临空的陡坎，在重力作用下中上部滑体产生下滑推力，在下部抗滑力减小的情况下，形成推移式滑坡。

（4）滑坡监测系统。滑坡体总体规模不大，也采取了工程治理措施，但是滑坡体如果发生破坏，其下部的打易中小学将直接受到威胁，因此，在滑坡体前缘布置了多测点固定式深部钻孔测斜仪及渗压计，在滑坡体后缘布置了大量程表面位移计，形成了简易的监测系统，监测滑坡的变形状态。监测数据均实现自动化实时采集和无线传输，监测系统安装至今，监测数据均无异常变化，显示监测系统安装以来滑坡无异常变化。

4.3.3.3　岔巴沟流域成果

1. 流域降雨量概况

岔巴沟流域位于东经 109°47′、北纬 37°31′，沟道长 26.3km，集水面积 205km²。曹坪水文站为岔巴沟流域的出口水文站，控制面积为 $187km^2$。岔巴沟流域的典型气候是干燥少雨的暖温带大陆性气候，多年平均降雨量为 494.6mm，降水量年内分配极不均匀，70%降水都集中在汛期，且降雨多为降雨强度大、短历时的暴雨。特性表现为：同一场暴雨各雨量站的开始时间与结束时间以及降雨量都有很大差异，暴雨的时空分布没有规律，随机性很大。降雨强度在 10mm/h 以上的暴雨主要集中在每年的 6—8 月，其中暴雨场次最多的为 7 月，占总场次的 45.9%；其次是 8 月，占总场次的 32.4%。

2. 2020 年汛期降雨情况

2020 年 5 月项目组在岔巴沟流域均匀布设了 20 台 NG-PS-101 型降雨土壤水分微感知计，采集了 6—9 月的降雨量，其中有降雨记录的日数为 28d，其中共计 25 场降雨（连续降雨或降雨时间间隔≤6h），各个站点累计降雨量平均值 523.8mm，高于多年平均水平，其中黑豆焉（425.4mm）、小场峁（525.9mm）、董家坪（570.9mm）、桃树峁（458.7mm）、尚石磕（502.3mm）、刘家沟（465.8mm）、香楼沟（553.7mm）、牛薛沟（361.2mm）、毕家硷（554.8mm）、杜石畔（572.2mm）、三川口（440.7mm）、林兴庄（411.0mm）、蛇沟（544.2mm）、铁匠湾（932.6mm）、贺家畔（482.3mm）、冯家焉（590.0mm）、艾蒿咀（447.2mm）、姬家界（588.8mm）。各个站点雨量划分及降雨场次情况见表 4-12 和表 4-13。其中 8 月 4—5 日岔巴沟流域降雨历时曲线与等值线如图 4-68 和图 4-69 所示。

表 4-12　　　　　　岔巴沟流域各个站点 6—9 月雨量监测概况　　　　　　单位：场

站点	经度	纬度	小雨 （≤10mm）	中雨 （10~25mm）	大雨 （25~50mm）	暴雨 （50~100mm）
黑豆焉	109.849	37.765	14	8	2	0
小场峁	109.875	37.764	16	12	2	0
董家坪	109.903	37.735	18	13	4	0
桃树峁	109.827	37.749	20	8	3	0
尚石磕	109.866	37.716	22	7	2	0
刘家沟	109.928	37.689	19	6	4	0
香楼沟	109.887	37.691	21	10	3	1
牛薛沟	109.918	37.668	21	6	2	0
毕家硷	109.888	37.724	17	10	3	1
杜石畔	109.946	37.729	20	9	4	0
三川口	109.938	37.686	17	9	2	0
林兴庄	109.905	37.702	24	7	1	0
蛇沟	109.955	37.675	15	11	2	1
铁匠湾	109.97	37.657	14	8	8	3
贺家畔	109.993	37.701	15	9	3	0
冯家焉	110.009	37.694	16	12	3	2
艾蒿咀	109.799	37.767	19	6	4	2
姬家界	109.967	37.707	15	9	6	1

表 4-13　　　　　　　　　站点所记录每 6min 或 1h 的最大降雨量

站点	最大 6min 降雨量/mm	发生时间	最大 1h 降雨量	发生时间
黑豆焉	4.67	8 月 9 日 15：59：22	24.73	8 月 5 日 00：00
小场峁	5.87	7 月 8 日 19：02：12	24.43	8 月 5 日 00：00
董家坪	8.37	7 月 17 日 17：18：30	25.21	8 月 5 日 00：00
桃树峁	4.99	8 月 5 日 04：33：36	20.21	8 月 5 日 00：00
尚石磕	5.01	9 月 13 日 15：16：25	25.22	8 月 5 日 00：00
刘家沟	5.19	9 月 13 日 15：30：11	23.61	8 月 5 日 02：00
香楼沟	5.81	9 月 15 日 00：46：08	30.54	8 月 5 日 02：00
牛薛沟	3.50	9 月 13 日 15：25：02	18.82	8 月 5 日 02：00
毕家碥	7.16	9 月 13 日 15：20：54	23.53	8 月 5 日 02：00
杜石畔	5.56	8 月 5 日 01：08：58	24.50	8 月 5 日 04：00
三川口	4.83	8 月 6 日 11：07：35	24.47	8 月 5 日 02：00
林兴庄	4.22	8 月 9 日 16：09：58	22.28	8 月 5 日 00：00
蛇沟	5.54	9 月 13 日 15：35：24	25.37	8 月 5 日 04：00
铁匠湾	9.36	7 月 17 日 17：31：35	47.69	8 月 5 日 02：00
贺家畔	5.77	8 月 6 日 11：14：11	24.22	8 月 6 日 11：00
冯家焉	7.01	8 月 9 日 16：18：55	27.23	8 月 6 日 11：00
艾蒿咀	6.14	7 月 8 日 16：10：49	18.98	8 月 5 日 00：00
姬家界	5.60	7 月 5 日 12：08：54	24.39	8 月 5 日 03：00

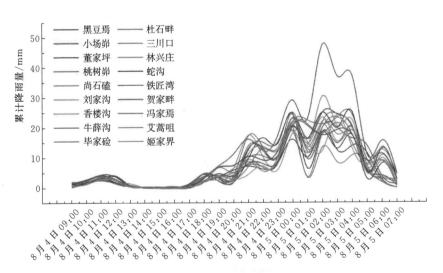

图 4-68　岔巴沟流域降雨历时曲线图

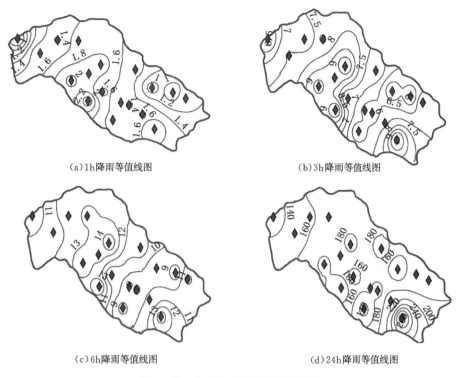

(a)1h降雨等值线图　　　　　　　　　　　　(b)3h降雨等值线图

(c)6h降雨等值线图　　　　　　　　　　　　(d)24h降雨等值线图

图 4-69　岔巴沟流域降雨等值线图

4.4　区域山洪灾害动态预警与风险模型构建

4.4.1　动态预警指标选取及合理性分析

应用实测降雨（水位）数据或 1～6h 短临预报降雨数据进行山洪灾害动态预警时，可根据所采用的暴雨洪水分析计算方法选择不同的预警指标。主要包括：

（1）实时动态雨量预警指标：采用成灾水位和设计暴雨洪水反推临界雨量的分析计算方法，则选择各预警时段的雨量作为实时动态预警指标，应用实际中多采用两级预警指标，分别对应防灾对象的准备转移和立即转移 2 个等级的预警。

（2）实时动态水位（流量）预警指标：如采用分布式水文模型分析方法，则直接选择典型断面的成灾水位（流量）作为实时动态预警指标。预警指标分两级，分别对应防灾对象的准备转移和立即转移 2 个等级的预警。

各级山洪灾害防御预案宜选择典型土壤含水量状态下的雨量和典型断面的水位（流量）预警指标，作为自动监测预警和群测群防的依据。

4.4.1.1　实时动态雨量预警指标分析方法

实时动态雨量预警指标采用成灾水位和设计暴雨洪水反推临界雨量的分析计算方法确定。基本方法是根据成灾水位反推流量，再由流量反推临界降雨。根据成灾水位，采用比降面积法、曼宁公式或水位流量关系等方法，推算出成灾水位对应的流量值，再根据设计暴雨洪水计算方法和典型暴雨时程分布，考虑土壤含水量的动态变化，反算设计洪水洪峰达到该流量值时，各个预警时段设计暴雨的雨量，即为防灾对象的临界雨量。根据临界雨量和预警响应时间综合确定雨量预警指标，并分析成果的合理性。

在确定成灾水位、预警时段、小流域土壤含水量状态的基础上，选用经验估计、暴雨洪水分析以及分布式水文模型分析等方法，计算沿河村落、集镇、城镇等防灾对象相应土壤含水量下的临界雨量。

临界雨量作为山洪预警的一个重要指标，当降雨量达到或超过临界雨量时，立刻启动预警预案。目前临界雨量的计算方法主要有土壤含水率与临界雨量关系法、统计归纳法、暴雨临界曲线法、水位反推法等。土壤含水率与临界雨量关系法的核心是计算不同土壤初始含水率对应的临界雨量；统计归纳法通过统计归纳的方式得到有资料地区的临界雨量；暴雨临界曲线法综合考虑累计雨量和降雨强度确定临界雨量。然而，上述临界雨量的计算方法主要集中在单一因素或静态确定临界雨量，随着降雨过程持续发展，流域的下垫面将不断变化，临界雨量计算易出现失真现象，根据《全国山洪灾害防治项目实施方案（2021—2023 年）》的要求"建立完善以 24 小时天气预报、不同时段短临暴雨预报、水利部门专业预警和乡村简易预警相结合的山洪灾害预警方式。在小流域山洪风险评估基础上，以小流域为单元，综合考虑小流域前期降雨和土壤含水量，确定小流域动态预警指标。探索以防治村为单位，按照山洪类型及危险性程度，确定村级预警指标。及时总结山洪灾害事件及预警效果，开展预警指标检验复核工作，调整预警指标值。"因此，为了更准确地计算临界雨量，综合考虑前期影响雨量、累计雨量、降雨强度及降雨分布等因素，研究探索不同时间尺度（1h、3h、6h）动态临界雨量的计算。

4.4.1.2　综合确定预警指标

考虑防灾对象所处小流域特征、产汇流特性（预警响应时间）、沟道形态、洪水特性和监测站点位置等因素，基于不同土壤含水量下的各时段临界雨量值，综合分析确定对应准备转移和立即转移两级预警的预警指标。需利用典型暴雨洪水对该预警指标进行复核，避免与成灾水位差异过大。

一般情况下，各时段临界雨量即为立即转移指标，可通过各时段临界雨量折减法确定准备转移指标。对西南、西北地区滑坡、泥石流多发区，山前冲积扇河段等特殊区域，应考虑河道淤积、雍水等不利影响，适当降低临界雨量。

（1）在计算洪水过程线上，按成灾流量（或水位）出现前 30min 左右对应的流量（或水位），反算相应的时段雨量，即为准备转移指标。

（2）以控制断面平滩流量（或水位）反算相应的时段雨量，即为准备转移指标。

4.4.1.3　合理性分析

可采用以下方法进行防灾对象实时动态雨量预警指标的合理性分析。

（1）与当地山洪灾害事件实际资料或灾害调查资料对比分析。

（2）将不同方法的计算结果进行对比分析。

（3）与流域几何特征、气候条件、地形地貌、土地利用和植被类型、土壤质地类型、行洪能力等因素相近小流域的预警指标成果进行对比和分析。及时总结山洪灾害事件及预警效果，开展预警指标检验复核工作，调整动态预警指标值。

4.4.1.4　动态预警指标应用

实时动态雨量预警指标和实时动态水位（流量）预警指标均用于县级山洪灾害防御部门向受威胁区的镇（乡、街办）、村（社区）发布山洪灾害实时动态预警信息，镇（乡、街办）、村（社区）向受威胁区户、人传递预警信息。有条件的地区，推荐采用基于水文模型的水位（流量）实时动态预警，进一步提高山洪灾害预警的精准度。

4.4.2　动态预警指标适宜性评价

应用实测降雨（水位）数据或1～6h短临预报降雨数据进行山洪灾害实时动态预警时，可根据所采用的暴雨洪水分析计算方法选择不同的预警指标。

各级山洪灾害防御预案宜选择典型土壤含水量状态下的雨量和典型断面的水位（流量）预警指标，作为自动监测预警和群测群防的依据。

4.4.2.1　动态雨量预警指标

采用成灾水位和设计暴雨洪水反推临界雨量的山洪灾害实时动态预警分析模型，分析计算防灾对象的实时动态雨量预警指标和上游流域相应预警时段长的面雨量。

实时动态雨量预警指标和上游流域相应预警时段长的面雨量分析成果可直接推送给县级山洪灾害防御部门，经综合分析研判，当面雨量超过防灾对象相应预警等级的动态雨量预警指标值时，县级山洪灾害防御部门即发布对应级别的山洪灾害实时动态预警信息。

实时动态雨量预警指标采用成灾水位和设计暴雨洪水反推临界雨量的分析计算方法确定。基本方法是根据成灾水位反推流量，再由流量反推临界降雨。根据成灾水位，采用比降面积法、曼宁公式或水位流量关系等方法，推算出成灾水位对应的流量值，再根据设计暴雨洪水计算方法和典型暴雨时程分布，考虑土壤含水量的动态变化，反算设计洪水洪峰达到该流量值时，各个预警时段设计暴雨的雨量，即为防灾对象的临界雨量。根据临界雨量和预警响应时间综合确定雨量预警指标，并分析成果的合理性。

预警时段指雨量预警指标中采用的最典型的降雨历时。受防灾对象上游集雨面积大小、坡度及其他因素的影响，各流域的预警时段不同，主要取决于小流域汇流时间长度。

4.4.2.2　动态水位预警指标

省级山洪灾害监测预报预警平台采用气象（水文）部门提供的1～6h短临预报降雨数据或实时监测降雨数据，驱动采用分布式水文模型的山洪灾害实时动态预警分析软件模块，实时分析计算沿河村落、集镇、城镇等防灾对象所在控制断面的水位（流量）。

实时水位（流量）分析成果可直接推送给县级山洪灾害防御部门，经综合分析研判，当实时水位（流量）超过防灾对象相应预警等级的水位（流量）预警指标值时，县级山洪灾害防御部门即发布对应级别的山洪灾害实时动态预警信息。

如采用分布式水文模型分析方法，则直接选择沿河村落、集镇、城镇所在控制断面的成灾水位（流量）作为实时动态预警指标值。预警指标可分两级，分别对应准备转移和立即转移2个等级的预警。

一般情况下，成灾水位（流量）即为立即转移预警指标。可通过成灾水位（流量）折减法确定准备转移预警指标，也可在计算洪水水位（流量）过程线上，成灾水位（流量）出现前30min左右对应的水位（流量）为准备转移预警指标。

4.4.2.3　其他动态预警指标

土壤含水量状态对临界雨量影响显著，考虑土壤含水量的动态变化可以提高预警精准度。土壤含水量状态信息可采用水利部门或专业单位动态发布的当前土壤含水量数据，或采用流域分布式水文模型或构建小流域土壤含水量动态模拟模型等方法分析计算。

4.4.3　示范区山洪灾害风险模型构建

4.4.3.1　山洪灾害风险模型

对于"风险"的定义最早出现在 19 世纪末西方经济学的领域，后来才引入到自然科学和社会科学领域，对风险的理解、认识和研究各有差异，不同研究人员对其内涵理解不同，目前比较广泛的认知是 1992 年联合国人道主义事业部所定义的，不同强度灾害发生的概率和可能酿成灾害的损失所共同表示：

$$风险(risk)＝危险性(hazard)×易损性(vulnerability)$$

山洪灾害风险由山洪灾害的危险性、承险体和易损性等三要素构成。危险性体现自然属性，主要为短历时降雨量、前期影响雨量或土壤含水量、洪峰模数、汇流时间等。承险体和易损性体现社会属性，承险体为可能受灾的对象，主要为人口分布、房屋结构类型及相对河道的位置和高程等；易损性为承险体受山洪作用时的易损程度，与现状防洪能力等有关。这里危险性具体到流域为山洪、溪沟洪水，易损性则为流域下垫面的情况，即承灾体特征，具体可以量化各种指标因子，如居民地、农田、房屋范围等。

结合国内外山洪风险评价理论和方法，大部分的山洪风险模型主要结合以下四个要素，分别是洪水危害（主要为淹没深）、暴露因素（主要为土地利用类型）、价值风险因素以及风险因素对水文条件的敏感性。瑞士在山洪灾害风险管理领域走在前列，通过 GIS、地统计方法、层次分析法（AHP）等相关工具和理论方法，划分山区灾害风险区域。结合官山河流域下垫面具体情况，本书沿着"洪水过程模拟—结果分析—计算淹没深—划定风险范围"的思路，对流域范围进行风险评价，由于官山河流域水文资料有限，本次拟采用孤山站的径流资料，主要计算干流范围内风险情形，包括承灾体位置淹没深度、水流速度和冲击力。

山洪灾害风险预警指标分析时，结合预警信息源和其他基础数据情况，宜选取对山洪灾害风险程度影响最大的主导因子作为确定预警指标的依据。现阶段宜选取 1～24h 网格降雨量作为山洪灾害风险预警指标，分别对应低（可能发生，蓝色预警）、中（可能性较大，黄色预警）、高（可能性大，橙色预警）、极高（可能性很大，红色预警）4 个风险等级的预警。

4.4.3.2　风险预警指标分析方法

以气象部门 1～24h 不同时段预报降雨为信息源，以小流域为单元，确定主导时段雨量，综合考虑不同重现期设计暴雨量、洪峰模数、汇流时间、现状防洪能力等风险因子特征，确定不同风险等级临界雨量阈值基准。考虑前期降雨或土壤含水量状态等进行调整，确定不同等级的山洪灾害风险预警指标。

需采用山洪灾害实际资料进行合理性分析。及时总结山洪灾害事件及预警效果，适时调整风险预警指标值。

4.4.3.3　风险预警指标应用

山洪灾害风险预警指标主要用于确定未来 1～24h 预报降雨区域内山洪灾害风险等级。当 1～24h 网格预报降雨量超过相应等级预警指标时，分析确定山洪灾害可能发生的行政区和对应的风险等级，支撑各级山洪灾害防御部门利用网络、电视、广播等新媒体向同级政府防汛指挥部门和社会公众提供未来1～24h山洪灾害风险预警信息服务，并可将相关风险预警信息共享至相关政府或行业部门，进行山洪灾害风险提示。

各级山洪灾害监测预报预警平台采用气象（水文）部门提供的1～24h预报降雨数据，建立山洪灾害风险预警分析模型。有预报降雨情况下，分析确定未来相应时段长的山洪灾害风险落区和风险预警等级，同时，遇持续降雨或可能大暴雨过程时可进行加密分析。

4.5　小　结　与　展　望

我国山丘区面积分布广泛，山洪灾害频发且强度在增大，已经对山丘区人民生命财产和社会经济可持续发展造成影响。山区局地暴雨是山洪形成的基本源动力条件，本章围绕目前山洪灾害防治研究中基础环节，综述了暴雨型山洪降雨输入监测技术，并展望了未来山区洪水多要素监测的发展方向，提出了山洪立体多要素动态监测体系构建思路，为开展相关研究工作和建立防洪减灾体系提供参考。针对我国复杂山丘区环境以及山洪灾害发生发展的特点，需进一步开展山洪灾害基础性研究并解决相关技术问题，包括以下主要内容：

（1）基于历史数据开展山区暴雨洪水时空演变特征、山洪形成机理和致灾机制研究，重点阐述山区局地暴雨形成机理，运用多技术手段追踪雨区范围、暴雨中心路径和降雨量的变化，开展局地短时临近暴雨预报；运用水文水动力学模型研究山洪形成机理，重点拓展具有物理成因机制的水文模型，开展山洪过程模拟、山洪预报实时偏差校正及山洪灾害风险评估等工作。

（2）针对无资料山区小流域，综合运用雨量计、雷达、卫星遥感及降雨融合等新技术，构建山洪多要素立体精准监测体系；针对山区复杂环境信息传输过程的中断、延滞等问题，运用物联网、智能化、多链路远程传输等技术和手段进行山区广域组网监测，实现山洪灾害多源异构监测信息和数据的实时、应急和有效传输。

（3）分析山区高度异质下垫面对坡面产汇流的非线性影响机制及区域差异，识别山洪形成和演进的关键因子，由静态向动态预警指标拓展，包括（前期）雨量、水位、土壤含水量等，延长山洪预见期和提高山洪预报精度。

（4）构建山洪灾害动态预警与风险评估集成平台，提升山洪灾害预警的及时性和准确性，提高应急抢险应对处置时效，提升区域防灾减灾救灾能力。

第5章

山洪灾害应急抢险应对处置研究

5.1 山洪灾害应急治理模式研究

5.1.1 应急治理社会属性

正如德国社会学家乌尔里希·贝克所言，现代社会是一个"风险社会"，人类生活在文明的火山口上，其本质是人与自然疏离、人与社会疏离、人与自我疏离。后工业社会，各种自然与人为事故、灾难频繁发生，人类发展不稳定与不确定性因素增多，我们已经进入"除了冒险别无选择"的时代。在社会转型与现代乡村快速发展的背景下，乡村的社会治理面临许多新的情况与矛盾。2021年，中央一号文件明确提出要加强农村人居环境整治提升，把乡村建设摆在社会主义现代化建设的重要位置，全面推进乡村生态振兴，促进健康乡村建设，完善乡村治理。山洪灾害频发是推进乡村生态建设面临的重大挑战，山洪灾害风险的不可预测性与不确定性，对人们的预测、预警能力及处置、干预能力都提出了挑战。我们需要认识到山洪灾害的爆发虽然是无法准确预测的风险，但其并不仅仅是地质风貌与气象水文等自然因素造成的，其具有主体关涉性，与人类生产活动和行为模式密切相关，是主体性活动的结果，是现代乡村追求经济发展的结构性、制度性与主体性矛盾造成的。山洪灾害风险并不是一次性、突发性与偶然性事件，学会与风险共存，掌握应对风险的实践经验与创新能力是增强反脆弱性的重要举措。山洪灾害治理是一项系统的工程，包括风险评估、风险预警、应急应对以及灾害恢复等多个环节。因此，加快构建现代乡村应急管理体制势在必行，加强山洪灾害的社会应急治理体系建设，切实保障人民群众的公共安全，是当前推进乡村治理体系现代化与能力现代化面临的紧迫与重要的任务，也是落实"十四五"期间党和国家对于美丽乡村建设的重大举措。

山洪灾害应急治理的社会属性主要包括以下内容：

（1）因山洪灾害的突发性与紧迫性，应急治理要求快速性与动态性。

山洪灾害的起因、规模、变化、发展趋势以及影响的深度和广度具有偶然性、随机性与难以预测性。同时爆发历时很短，在瞬间对人们的物质与财产造成巨大损失，并且在短时间内可以使交通中断、通信受阻，形势变化复杂，加大了救援力量与物资运送的难度。一旦发生，容易引起群众的情绪不稳定与心理恐慌，使得人们的生活进入无序状态，对社会产生巨大的影响。另外，由于突发事件造成的应急需求的急剧膨胀与社会回归正常化的需求缩减之间的巨大差距，政府需要建立起高效、快捷与动态的资源储备与社会动员机制，才能够实现公共安全效益与经济效益的双赢。

（2）山洪灾害的复杂性与不可确定性，应急治理要求坚持预防为主的原则。

山洪灾害的前因、发展、后果不是简单的线性关系，所以事件产生的影响常有延迟效应和混合出现的可能，使得山洪灾害变得极其复杂与不可确定，难以预测和控制。山洪灾害由自然因素和人为因素共同造成，其中大部分是人为的破坏形成的生态环境失衡引发的突发事件，空间上的错综复杂与时间上的非常态性与连锁性，导致问题处理起来头绪繁多，风险超乎寻常。同时，参与山洪应急救援活动的人员来自不同的单位，在沟通、协调、授权、职责及其文化等方面都存在巨大差异，应急响应过程中群众的反应能力、心理压力、群众偏向等突发行为具有复杂性。山洪风险真正发生时的应急手段应仅是风险管理的一部分，山洪灾害的应急治理要求贯彻预防为主的原则，防微杜渐。

（3）山洪灾害的连锁性和信息有限性，需要建立联动的长期应对机制。

突发事件一旦发生，往往形成连锁反应，产生强大的破坏力，并产生风险社会化图景。山洪灾害的暴发常常会带来诸如泥石流、水源污染、停电停水、生态失衡等其他的风险，对社会正常运转与人的正常生活有明显影响。风险和危机的"蝴蝶效应"，扩大了风险的地理发生空间，也呈几何倍增加了风险与危机带来的破坏强度和潜在后果，需要区域性联动合作与长期治理。另外，由于山洪暴发时间的随机性和不确定性，很多信息是随着事态的发展而演变的，而时间的紧迫性，使得决策者掌握的信息有可能不全面，信息不及时，并且在信息的反馈和处理过程中难以保证信息的准确性和有效性，导致信息的失真。信息的不对称以及人们对突发事件的关注，如果不发动各方力量集中解决，会迅速扩大山洪灾害的损失，造成信任风险、政治风险与社会风险。虽然山洪灾害的风险不可消除，但山洪灾害的损失及不利影响，完全可以通过政府提高自身的管理水平，建立健全、合理有效地运作防洪减灾的各相关系统，发动市场、非政府组织等各部门的合作与协调力量来限制和减轻，去争取最有利的可能应对机制。

5.1.2 国外山洪灾害社会应急治理的经验

相比于我国，国外的山洪灾害社会应急治理的经验经过多年的发展，比较丰富，也形成了比较完整的系统，其山洪灾害应急管理的发展历程也反映了应急治理的一般规律，值得我们学习与借鉴，以比较成熟的美国、日本与欧洲国家的山洪灾害治理经验为例，其具体的做法与经验概括起来有以下几个方面。

5.1.2.1 建立统一的灾害治理行政体制

许多国家的山洪灾害应急治理组织架构都经历了一个不断强化完善、由单一治理到多部门分工合作的过程，其基本特点是建立统一的山洪灾害的应急治理的行政体制。美国的山洪灾害管理，以洪泛区管理为核心，通过采取有效的工程措施和土地使用规定、山洪预报和警报、灾后恢复、向受灾者提供经济援助等非工程措施，使洪水灾害损失降低到最小限度。一般由地方自治区负责实施，联邦政府制定政策促使地方政府参与洪泛区管理。主要参与单位包括联邦政府、州政府、地方自治区、陆军工程兵团、水资源委员会、联邦紧急事务管理署等。其中，联邦政府主要负责防洪减灾工程、防洪知识情报的宣传教育、山洪保险、土地利用规划、警报系统等各种洪泛区管理任务；美国的州政府有权制定和采取洪泛区管理措施，以减少山洪风险和保护洪泛区的自然机能；地方自治区可以根据其规模、所在州的政策、政治机构、经济状况以及对整个自治区和山洪风险区开发程度的大小而采取各种不同的洪泛区管理措施。

日本的灾害管理体制，实行中央、都（道、府、县）、市（町、村）三级救灾组织管理模式，同时制定行政机关（总务省的消防厅等 23 个中央省厅）、公共机关（行政独立法人、日本银行、日本红十字会、NHK、电力、煤气等 63 个公共机关）都有责任参加防灾业务计划的制定、实施与推进。日本建设省河川局是日本中央政府下属：唯一的山洪管理部门，由建设省下设的 9 个地方建设局及众多的事务所、参与山洪防治工作。日本的河流分为 A 级河流和 B 级河流，A 级河流由国家管理，B 级河流由地方管理。山洪防治保安的第一负责人是地方各级政府行政长官，地方政府建立了相应的组织，如东京都防汛组织由警视厅、消防厅、建设局、交通局、气象厅等若干部门组成，防汛紧急情况时，按法律规定，各负其责。各级政府还成立水防团，全国水防团有专职人员和兼职水防团成员，其中兼职水防团成员是山洪抢险的主要力量。

在英国，山洪管理的主要原则是中央政府主导，地方政府属地管理。即在山洪发生后，由所在地方政府负责协调应对，不依赖国家层面的机构。但由于地方的医院、警察局等组织并不隶属于地方政府，为了能采取协调一致的行动，中央政府会指派环境、食品和地方事务部帮助地方政府处理危机情况，在必要时进行协调并提供指导意见和建议。另外，环境、粮食和农村事务部负责高层次防洪目标和环境署对防洪的监督职责的履行；环境署于 2000 年首次制定山洪风险地区图谱，该风险图每 3 个月更新一次，并制定了山洪管理与预警计划。英国的洪水风险管理主要分为国家、区域及地方 3 级，在国家层面上，主要有 3 个部门负责洪水风险管理相关工作，一是国家环境、食品及农村事务部主要负责确定和指导洪水和海岸侵蚀风险管理的政策方向，同时也在应对洪水紧急情况时发挥主导作用；二是社区及地方政府部，主要负责空间规划类政策的制定、监督与实施，同时主导洪水灾后恢复工作；三是内阁办公室，主要负责制定紧急灾害事件的应急规划和恢复规划。除了这三个部门，如交通运输部、卫生部、能源和气候变化部等部门也会在洪水风险管理中有所涉及。

5.1.2.2　建立完善的山洪灾害管理法律体系

随着山洪灾害的致灾性以及人们对山洪灾害认识的不断加深，许多国家在山洪灾害应急治理的立法方面也逐渐地发展和完善。

美国是一个重视法制的国家。1850 年制定了《沼泽地和淹没区法》，规定密西西比河沿岸数万平方公里的沼泽地交由州政府管理，是美国第一部管理水的法案。目前，美国联邦政府颁布的有关水的法规达到 1000 多部，例如，1917 年的《洪水控制法》、1956 年的《洪水保险法》、1973 年的《洪水灾害防御法》以及 2011 年的《洪水保险改革法》，既有全国性法案，也有地方性法案。从联邦政府到州政府，从州政府到地方政府，基本上形成了一套层次分明、内容全面的山洪风险管理的法规体系。在美国，从山洪工程的规划、设计、投资，到山洪灾害的防御、救灾，再到山洪灾后的恢复与重建，都有法可依，可谓规范有度，执行有据。

日本河流治理的根本法律《河川法》于 1896 年颁布施行，目前其山洪管理法律体系已相对健全。1960年以前，日本的治水计划大多由于计划过于庞大、资金难以保证等原因半途而废，1960年的《治山治水紧急措置法》和《治水特别会计法》的颁布施行是日本治水事业和治水计划制定的重要转折点。自此治水计划有了法律依据和资金保障，从而使日本的治水事业进入稳定、顺利的发展时期。

英国在山洪灾害应急治理方面的法律制度较完善，2004年1月通过了《国民紧急状态法》，整合了已有的专门法律，重新构建了以该法案为中心的紧急状态法律体系。该法案强调应急管理的关键是预防灾难，继该法案后陆续出台了《应急管理准备和响应指南》《应急管理恢复指南》等法规和文件，使国家应急管理能力得到提升。2006年，英国政府发布《规划政策声明：发展与洪水风险》，将发展区域进行不同的洪水分区，系统分析了英国面对的各种洪水风险，以及各级别的规划需要配备哪些洪水风险的评估等内容。

5.1.2.3 建立全方位、多层次、立体化的山洪灾害应急治理机制

近年来，越来越多的国家注重在山洪灾害应急治理中不断创新理念，实行组织、信息、资源三者的综合管理，重视向预防、处置和善后的全过程管理转变，实现应急管理的科学化、信息化与协同化。

美国从"堤防万能"向"控制山洪"策略转移，建立了包括水库、蓄滞洪区、河槽整治工程、水土保持、暴雨排泄管理等在内的工程体系为特点的防洪工程体系；加强洪泛区管理，增加了联邦-州预警预报机制；建立了地方政府-州政府-联邦政府之间的联动响应机制；实施了以政府保险机构为主，私营保险公司参与销售，在社区参与国家山洪保险计划的情况下，居民及小型的企业业主可以自愿为其财产购买山洪保险的一种"强制性"国家山洪保险计划风险转移机制。

日本的山洪管理的主体是工程措施，这与其自然地理和社会经济发展特征密不可分。日本已建成一套工程布局合理、管理制度完善、自动化程度较高的防洪工程体系。现建有堤防1.05万km^2，已建和在建水库500余座，以及数目众多的储水池、堰、闸等。治水计划中不仅包括河道治理、大坝建设、水资源开发等传统项目，同时纳入了诸如水域周边环境保护和治理、形成多自然（生态）河川，减少混凝土暴露等内容。

英国典型的防洪工程包括堤防、河流整治、水库、防洪墙、防洪堰、挡潮闸及排水泵站等（俗称"硬工程"）。在英国，洪水风险管理正在进行一个重大范式的转换，原来是以"把洪水阻挡在外"为核心理念，现在逐步转变为"为水提供空间"的理念。洪水风险不能靠硬防御来管理，应该通过软方法，如洪水存储和土地管理，以提供更可持续的方式去管理风险，能弥补和延伸传统防御工事的生命周期。在2002年，英国推出洪水管理预警系统。根据洪水风险区划，对不同风险等级区域内的预警系统及洪水防御措施进行分类分级设定，提高预警效率。另外，英国还设立了山洪风险基金与开展山洪保险业务。山洪风险基金有四个来源：一是中央政府支持的划拨款，二是地方政府财政专项款，三是捐款、赠品、遗赠，四是基金投资的回报。2014年英国颁布新水法，将洪水保险市场逐渐过渡成为一个根据洪水风险高低进行定价并且人人能够负担得起的保险。

5.1.2.4 基层乡镇（社区）是应急治理的重要单元

乡镇（社区）是山洪灾害治理的基层单元，也是应急社会动员的重点。培育乡镇（社区）居民的应急意识，是山洪灾害应急治理的基础。

美国在应急管理中注重培养社区居民的参与意识和参与能力，主要表现在建设防灾型社区、开展社区灾害评估、推行社区可持续减灾计划以及形成社区安全制度。其中邻里守望制度使社区的每个居民都在注意自身安全的同时，关注社区内其他成员的安全，强调对他人的人文关怀，有效地维护了社区的安全和秩序，同时也对整个社会的安全起到了积极的推动作用。同时，实施市民梯队计划。美国市民、邻里和社区与政府一道共同应对山洪灾害，是一种辅助性的社区援救组织。

日本于 1964 年颁布的《河川法》规定，在山洪灾害治理过程中的任何决定，需要充分听取公众的意见，强化公众的参与意识。日本都府道县、市町村均设有河流信息中心，视洪水情况定时发布信息，供居民随时查询。同时，各级政府每年均会在学校、社区、公共场所进行避难演习，教育民众掌握面临灾难时的避难技巧。市町村基层政府及社区均建有完善的避难场所及备有充足的避难物资。当山洪灾害发生时，各级消防组织、水防团及其志愿者也会对公众进行避难应急指导，保证了应对灾害的有序性。

英国政府专门为 60 岁以上的公民建立了专门的灾害求助热线，对青少年进行山洪灾害教育，解答他们有关山洪灾害的疑问，每个家庭都会收到一本应对山洪灾害的手册，提供紧急救援相关建议、联系电话和实际操作信息。

5.1.3　我国山洪灾害应急治理的现状及问题

"一案三制"是我国应急管理体系建设的核心框架。所谓"一案"，是指应急预案；所谓"三制"，是指应急管理的体制、机制和法制。山洪灾害是河流洪水风险的一种，属于洪水风险，也是按照"一案三制"的应急管理体系进行的。

5.1.3.1　山洪灾害治理的现状

我国山洪灾害应急治理的具体现状体现在以下几个方面。

（1）山洪灾害应急预案体系基本形成。各级政府都已编制了山洪灾害的总体应急预案，同时各地还根据山洪灾害的类型与发生时间因地制宜编制了大量的专项和部门预案。社区、乡镇和各类企事业单位也在山洪灾害的预案编制工作中不断推进，并在山洪灾害的实际应急治理中发挥了积极作用。

（2）山洪灾害应急治理体制初步建立。各级政府按照分类管理、分级负责、条块结合、属地为主的要求，建立了山洪灾害应急治理体制的基本架构，确定了各级职能部门的基本职责，有利于实现山洪灾害的统一指挥与分级联动响应。

（3）山洪灾害应急治理机制不断完善。目前各级政府按照统一指挥、反应灵敏、协调有序、运转高效的要求，初步建立起社会预警、社会动员、快速反应的山洪应急治理机制，在整体联动性处理方面也在不断地增强。各职能部门之间逐渐形成了上下联动、平行协调、内外互动的应急联动机制，同时善于总结经验，对预案、山洪灾害治理法规规章、管理体制和应急机制等进行完善。

（4）山洪灾害治理队伍体系初步形成。随着科普宣传、专业培训与应急演练等活动的广泛深入开展，各级政府、广大公务员和社会公众的公共安全意识提高了，在自救与互救能力方面也有了明显的提高，广大人民群众自发组成了山洪应急队伍体系。目前，基本形成了以公安、武警、军队为骨干和突击力量，以防汛、医疗救护等专业队伍为基础，以企事业单位兼职人员、广大志愿者为辅助的山洪灾害应急队伍体系。

5.1.3.2　山洪灾害治理的问题

我国山洪灾害应急治理的具体问题体现在以下几个方面。

（1）各部门条块分割，预警机制不健全，应急治理法制缺乏。首先，山洪灾害的应急治理缺乏权责明晰的快速反应机制，一方面，各部门相互独立，孤立地评价部门业绩，各自为政，片面追求部门短期利益；另一方面，部门职能重叠、低水平重复，内部矛盾激化、规避与推诿责任，政府整体性治理水平较弱，应急部门整合困难，难以应对复合型与复杂性的山洪灾害的决策，当山洪灾害链一旦形成，风险耦合，衍生危害非常严重，部门之间协调困难，或因政出多门而令基层单位无所适从，应对效率较低。其次，各县区目前以硬件和工程措施建设为主，却忽视了大规模预警机制与防灾系统的建设。风险评价、风险控制、应急预案以及日常演练较少，预算安排和物质准备不足。应急预警机制不健全，停留在被动、仓促、经验性应对阶段。现有的山洪紧急应对停留在山洪灾害爆发时，而没有常态化的治理机制，全程动态监测管理缺乏。最后，相关法律法规有待加强和完善，山洪灾害应急治理法制缺乏。现有法律、法规缺乏对突发山洪灾害规律的总结，同时，缺少专门的法律工作机构对山洪灾害应急治理进行研究、立法、规范和监督。以湖北省丹江口市为例，目前对山洪灾害治理主要依靠国家及省级相关法律法规政策，虽然十堰市颁布了相关的法律，但是只到市级层面。山洪灾害应急治理法治建设的相对滞后势必影响丹江口市灾害治理的运行与成效。

（2）信息获取与协调指挥的低效造成指挥孤岛，制约了灾害的快速处理能力。山洪灾害的应急治理中，政府没有充分发挥企业、市场等的主体作用，造成指挥孤岛。当灾害发生时，多为临时组成部门，无法整合资源储备信息和物流信息。企业的应急物资供给与媒体的信息传播职能都没有充分纳入山洪灾害应急管理体系，缺乏有效的信息传播平台与资源统筹机制。资源下沉效率问题突出，物资拥塞、分配混乱、物资短缺并存，无法保证下沉资源的统筹规划和精准配发到乡镇居民手中，造成了大量的资源浪费，也延宕了危机救援的时机。同时，山洪灾害的应急信息报告的标准、程序、时限和责任不明确、不规范，信息系统之间相互分割、无法共享，缺乏综合性的信息平台和分析。例如，气象部门检测的信息无法纳入水务部门的监控与预警平台，造成在河流和降雨检测站点的建设中再投资，资源浪费。媒体还没有成为应急管理的有机部门，社会传播功能受阻。

（3）注意力分配偏差和服务下沉的缺失，群众自救能力较弱。转型时期，农村社会面临的风险与城市基本相同。山洪灾害多发生在乡村地区，乡村基础组织弱化导致治理力量的薄弱。首先，我国应急治理工程建设更多注重城市基础设施的投入，而对于农村地区的投入相对较少，乡镇等资源与服务下沉不足。公众的灾害保险意识还比较薄弱，我国保险企业开发出来的灾害保险品种不多，还没有专门针对地震、洪水等巨灾的保险法，全国的山洪灾害保险制度还在探索中。各县市区也没有明确的灾后重建体系与保险制度，灾区人民恢复生产生活比较被动。其次，政府组织的救援往往滞后于居民的自救和互救，群众自救是第一位，但我国群众的自救能力较弱。随着城乡二元格局与收入差距，越来越多的青壮年劳动力进入城市，农村剩下的都是老人、妇女、儿童等弱势群体。乡村缺乏基层组织与自治社团的保护，同时留守人员山洪灾害的知识储备与应对能力缺乏，导致其在面对山洪等自然灾害时风险应对与分担机制更加脆弱。同时，基层乡镇领导对于相关的宣传教育不到位以及相关政策的缺失，导致人民群众对参与防灾减灾的积极性不高、参与性不强。

再次，由于资源与人员的不同，各县与乡镇抗洪能力参差不齐，但是尚未构建相互合作的机制。从示范区丹江口市的调研实际情况来看，官山镇五龙庄村两河口贾家凸的防洪能力是 100 年一遇，而六里坪镇花栗树村集镇的防洪能力仅为 50 年一遇，为该村还存在 16 户危险区人口。

5.1.4　构建山洪灾害社会应急治理体系的政策建议

现代社会有机体是一个充满矛盾的总体性发展过程，现代社会风险的普遍性和强关联性决定了社会风险管理必然是一种总体的管理过程，必然被纳入社会建设和管理的总体之中。因此，山洪灾害社会应急治理体系的现实路径在于构建社会风险预警体系与机制，具体体现在以下几个方面：

（1）实现党建引领下的多元主体合作协商，促进防洪减灾社会化。实践证明，发挥党的组织优势，提高基层党组织山洪灾害应急管理能力和水平，是最大限度地减少灾害给经济社会和人民生命财产带来危害和损失、维护社会稳定和群众利益的根本保证。首先，山洪灾害治理属于社会公益型活动，党组织在防汛应急管理工作中担负着组织领导的责任，党员群众应该发挥先进模范带头作用，加强党的组织体系建设，各级政府应在党的引领下承担组织管理的应有职责。其次，政府的资源与能力是有限的，政府在山洪灾害治理中应该划定好责任界限，鼓励企业、社会非政府组织、媒体以及民众的广泛参与。一方面，政府要为基层其他主体提供必要的物质支持，提高企业与社会组织参与山洪防灾的积极性与主动性；另一方面，要在制度层面为市场和社会力量参与山洪应急管理及决策提供法律依据与对话机制，完善山洪防灾部门法规、基本条例与综合条例，充分发挥各主体在各自专业领域的优势。政府可借助彩票、提供小额贷款等市场化手段筹措救灾资金。同时，政府可以通过制作不同类型山洪灾害风险图，将不同规模山洪灾害的淹没范围与可能的水深等信息公之于众，通过媒体发挥快速传播警情与公开信息的作用，为多元主体的协同提供信息媒介，充分发挥其纽带与桥梁作用。最后，推动党组织引领下的全科治理能力建设，进一步优化条块结合和功能整合能力。通过灵活授权赋能完善社会力量协同的制度连接，实现治理力量的整合与精准投放，促进应急力量的精准覆盖，构建党组织统筹、部门联动、群众参与、社会协同的应急治理体系。

（2）区分日常管理与应急管理的关系，建立常态化与特殊化的应急管理与预警机制。山洪灾害的管理需遵循事前—事中—事后的治理程序，事前社会正常运转下，可以采取预防山洪灾害的日常管理机制，继续加强预测预报工作，努力提高预报的精度和质量。同时，要努力解决影响洪水管理的深层次问题，促进人与自然和谐相处，由控制山洪灾害向管理山洪灾害转变，由无节制投入过量资源构建高标准、高要求的防洪工程体系向构建标准化与结构优化的防洪工程体系转变。同时，根据以往山洪风险发生的频率、结果与影响推断可能爆发的方式、规模，并且拟定出多套应急方案，事件一旦发生，可以立即根据实际情况优选方案。等山洪灾害真正发生时，建立社会预警机制，不断把分散的信息集中到一起，并向相关决策部门提供决策的方案。

（3）应急管理应将防控力量下沉至乡镇社（社区），加强防灾人员队伍建设。农村地区是山洪灾害爆发的集中地，乡镇（社区）是山洪灾害防控的最前沿，也是上级防汛指令的落脚点和执行地。然而农村资源较弱的劣势，成为山洪灾害防控的短板，因此提升乡镇

（社区）的自主防灾能力是山洪灾害防御的关键。首先，由于山区位置偏远，当灾害发生时交通、通信等容易阻断和外界形成"信息孤岛"。调查研究也发现以乡镇为单位的救灾效率会更高，因此，赋予乡镇或行政村级社区非常时期的分散决策授权能实现灾害防御的快速响应。县级及以上山洪灾害指挥部门必须在日常管理中建立明确的责权利管理制度，并加强乡镇、行政村的山洪灾害独立判断决策与防御能力建设，强化"人财物"保障。同时，应急通信是应急管理者的"风火轮"，是决定应急决策是否及时和准确的关键因素。通信工具需要具有兼容性与高中低档相搭配。有些情况下，可能越是先进的、技术含量高的设备，受到外界的影响就越大，特殊情况下可以借助传统的敲锣打鼓方式、广播、大喇叭、报警铃声、公建广播公告等方式快速通知与组织村民做好转移。其次，山丘区的县（区、市）多为人口流出型城市，农村大部分留下来的都是老弱病残等弱势群体，当灾害来临时，很难形成抵御灾害的人员力量。乡镇应加强对流动人口的管理，尤其是青壮年男性劳动力。除了专职防汛人员，在乡村还应组织本地与外出务工壮年男性组成应急抢险队伍，形成兼职防汛人员。另外，建议汛期各山洪灾害防治区安排一名专职防洪知识培训员，对参与抗洪的人员进行专业培训，培训合格的人员颁发证书，专职与兼职防汛人员共同形成防灾的人员队伍。同时，考虑到汛期突发性与抗击山洪灾害的贡献，协调地方政府对参与应急抢险人员提供适当的资金补贴与政策保障，促进其抗汛任务完成后工作的有序衔接与正常开展，例如汛期休假日，避免因抗洪造成参与人员的损失。而除了特困人员之外，对于没有人员参与的家庭，协商缴纳一定的资金，可专供用于防汛工作，避免出现"搭便车"现象，打消参与人员的积极性。最后，防汛救灾需要特定的技能与专业的知识，村组应定期组织各种防灾教育与训练、防灾知识普及、防灾演习活动，促使群众尽快熟悉预警与预案，掌握山洪突发时的自保自救措施，增强全社会风险意识。在山洪灾害发生后第一时间展开救援，最大限度减少人员伤亡。

（4）乡镇与村组之间主动相互合作支援，并建立多层次的风险转移体系。山洪灾害的突发性与瞬息万变，使得就近相互支援与争取时间成为抗击山洪灾害的关键。县市与乡镇各个部门和单位，都应当打破等级与归属限制。相邻乡镇之间可以通过事前协商与签订协议的方式，建立相互合作支援的制度，以便灾难发生时能第一时间相互救援，争取救援的黄金时间。同时，以往的国际经验表明，洪水保险是转移山洪灾害风险的最佳方式。我国开展洪水保险，应坚持短期与长期洪水保险相结合、政府扶持与市场运作相合作的方式，坚持保基本、差别化与试点化的原则。乡镇居民可以根据当地山洪灾害发生频率的高低、经济条件的承受能力选择适合自身的保险。同时，可以在山洪风险率高的乡镇率先试点，逐步在全市推行。方式上，采取政府与市场相互合作，政府尽快绘制全市范围的洪水风险图与山洪风险区域等级的划分，为市场提供洪水保险率设定的依据，并给予一定的财政补贴，同时授权实力强、经营状况好与风险管理能力高的大型商业保险公司负责山洪保险的销售、理赔与制定。

5.2 山洪灾害应急抢险模式研究

5.2.1 应急抢险预防和准备机制

应急抢险的预防和准备机制主要包括灾害监测预警、救灾资金准备和救灾物资准备三个环节。

5.2.1.1　灾害监测预警

为了在山洪灾害来临前及时采取应对措施，最大限度地减少灾害可能造成的损失，对山洪进行监测预警必不可少。如果对灾害进行精准监测和及时预警，将为应急抢险部门争取决策、及时应对以及社会公众科学防范提供有力支持。

2010 年以来，按照《全国山洪灾害防治规划》所涉及的相关技术标准和工作部署，我国正逐步建立并不断完善山洪灾害监测预警系统，主要包括山洪灾害及其相关要素的观测网络、观测资料的收集传输和交换的电信系统、灾害全程动态监测及资料分析系统、预警报信息发布和服务系统等。当前山洪灾害观测系统主要由自动雨量站、自动水位站、简易雨量站和简易水位站组成，同时与其他水文、气象和地质灾害监测站网联动，形成系统的山洪及次生地质灾害监测系统。在灾害预警和信息发布方面，初步构成了利用电话、无线电通信、电视和基层广播网发布预警信息的网络。这些为提高山洪灾害监测预警水平，有效防范灾害和各地政府迅速组织防灾抗灾工作提供了条件。

预警服务是预警系统的核心，灾害预警必须有一个良好的灾害预测的科学基础，以及一个可靠的24h运行的预测警报系统。持续监测山洪灾害特征信息和前兆，这对及时、准确地发布灾害预警信息至关重要。监测与预警服务的主要任务包括建立体制机制、建立监测系统与建立预报和报警服务等方面。体制与机制的建立能够为监测与预警服务的正常运行提供政策保障。首先需要规范程序，依法确立并规定产生和发布警报的各机构的职责，确立各部门、机构职责与分工，以便在不同机构间处理各种灾害时保证预警信息等级、表述的一致性和联络渠道的稳定性。其次是制定灾害预警的管理计划。明确负责报警的组织、联络协议和联络渠道，提高不同报警系统的效益和效率。

完善的、符合国家标准的山洪灾害预警体系应该由政策法律保障体系、决策和处置体系、标准规范体系、技术支撑体系、教育和培训体系等组成，如图 5-1 所示。

我国山洪灾害监测预警系统的运行主要由水利部门负责，山洪灾害监测预警平台是山洪灾害防治非工程措施的一个重要组成部分。山洪灾害监测预警平台集成遍布山区小流域多个自动化无人值守的遥测站点实时采集流域中各代表站点的雨情、水情信息，综合应用水文、通信、自动控制和计算机技术，为各级山洪灾害防御指挥决策提供依据。

5.2.1.2　救灾资金准备

救灾资金是开展抗灾救灾工作的重要物质基础之一。对于受灾人员，在发动他们生产自救的同时，国家给予必要的救济

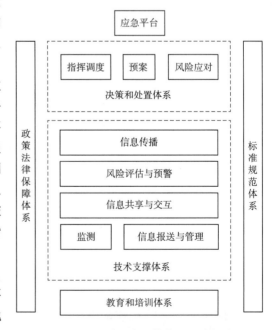

图 5-1　山洪灾害预警体系要素构成

是救灾工作的一项基本方针。每年中央和地方都投入大量资金和物资以保障受灾人员的吃、穿、住、医等基本生活需求，国家各级银行向灾区投入大量无息生活贷款帮助受灾民众恢复生产，税务部门对灾区减免税收，粮食部门向灾区民众开仓借粮，其他许多部门也对灾民的灾后恢复重建给予多种优惠。

我国建立了救灾工作分级负责、救灾资金分级负担的救灾管理体制。对于一般程度的灾害，中央和地方财政都已经安排了救灾资金预算，在国家现行预算管理体制内安排了救灾资金；对于特别严重的灾害，会对国家财政收支产生较大的影响，需要巨额资金进行救助和恢复重建的，在这种情况下，经报国务院批准可设立专门的救灾基金。

当地方遭受特大山洪灾害，地方政府通过自身努力确实难以解决时，中央可给予适当补助。中央救灾资金应由省人民政府向国务院申请，同时省级民政部门、财政部门向民政部、财政部提出书面申请。在紧急情况下，省级民政部门、财政部门可申请救灾应急资金。根据国务院指示或省级民政部和财政部救灾应急资金申请，民政部按照灾情会商结果，提出救灾应急资金方案，两部协商一致后再进行办理。

为确保山洪灾害应急救灾工作的顺利开展，民政部、财政部出台和建立了救灾资金拨付应急拨付制度，明确了资金的拨付时间要求。在中央层面上，规定中央救灾应急款在灾害发生的 2～3 个工作日内下拨；在地方层面上，规定中央下达的救灾应急款要求在 10 日内由省级下达到县级，县级在 5 日内落实到受灾人员手中。我国救灾资金全面推行救助资金社会化发放方式，已实行涉农资金"一卡通"的地方，通过"一卡通"发放救灾资金。救灾资金的发放坚持民主评议、登记造册、张榜公布、公开发放的程序，自觉接受社会监督。根据民政部公布和下发的救灾工作流程，基层在发放救灾款和救灾物时要严格遵循"一卡一账两公开四程序"，即在确定救助对象后，受灾人员要凭《灾民救助卡》领取救灾款和救灾物，县、乡要有工作台账，救助人员名单和款物数额要公开，救助对象要严格按照"户报—村评—乡审—县定"四个程序确定，以保证救灾款物发放的公开、公正和公平。

5.2.1.3　救灾物资准备

1998 年以来，我国国家抗灾救灾物资储备体系逐步完善，应急保障能力显著提高，全国 100％的省、98％的市、50％的县设有救灾物资储备库，中央和地方储备了近 200 万顶帐篷和其他物资，国家救灾物资储备体系也逐步完善。

另外，我国还设立了 21 个中央级防汛物资定点仓库，中央医药储备也具有一定的规模，国家抗灾救灾物资储备体系初步形成。在灾害应急救助方面，为确保在重大自然灾害来临时救灾物资能够及时运抵灾区，受灾人员能够得到妥善安置，我国政府加强中央级救灾物资储备体系和救灾装备建设，制定相关工作程序。明确中央和地方职责，保证救灾物资及时、足额调拨到位，为灾区救灾工作提供有力的物资保障。

5.2.2　应急信息传递机制

应急信息传递机制强调加快推进应急平台建设，整合各类信息资源，形成统一、高效的应急决策指挥网络和新闻发布机制。灾害信息的抽象定义是各类灾害的反映或再现，从使用角度来看待是各类灾害的消息、数据、资料、情报、知识等的统一内容。任何一个灾害都要经过孕育形成、发生发展和衰减消亡的过程，在这个过程中生成的未加解释的原始表述或数据成为原始信息，经过记录、分类、组织、联系或解释后称为加工信息，加工信息被提炼产生的结晶为灾害知识。

山洪灾害信息从获取到传递可以看作一个通信系统，系统的基本模式如图 5-2 所示。

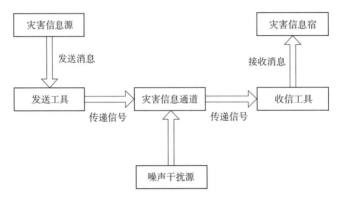

图 5-2 山洪灾害信息传递过程

由图 5-2 可知，山洪灾害信息在由源点至归宿流动的通道中需要经过信源、通信发送、接收工具、借宿等结点，结点和通道是灾害信息的基本构成要素。灾害信息自源点发出后不断沿着信道向信宿方向传递，从而形成灾害信息源。

中国山洪灾害信息的主要工作包括：

（1）灾害信息收集。依据民政部与国家统计局共同发布的《自然灾害情况统计制度》，按照乡（镇）、县（市）、地（市）、省（自治区、直辖市）民政部门和中央政府民政部行政序列，自下而上地报告灾情；通过已经建立信息交流和共享机制，获取国务院各有关部委及直属单位、研究机构及灾害防御群团组织的相关信息；遇到较大山洪灾害时，国家减灾中心要派专员到现场获取各类灾情和救灾工作信息；设立专人收集广播电台、电视台、报纸期刊、网络媒体等机构发布和报道的灾害相关信息。

（2）灾害信息传输。山洪灾害信息由灾害现场传输到灾害信息部的通信方案有多种形式，使用方式主要根据灾害现场通信情况和条件确定。一般情况下利用互联网、电话传真等有线通信工具进行信息传输，有线通信工作失灵时采用无线通信工具，无线通信工具中断时使用卫星电话，卫星电话受限时采用北斗卫星通信系统。

（3）灾害信息加工。根据国家《自然灾害情况统计》规定的灾种含义、指标口径、分类方法、表格形式及配套开发的《全国民政灾害信息管理系统》等软件对采集到的信息进行加工。

（4）灾害信息分析。按照设计、收集、整理、修补、合成五个环节对灾害信息进行分析，产生多种灾情信息产品。

（5）灾害信息存储。山洪灾害数据按照相关要求进入自然灾害数据库中，并通过《全国民政灾害信息管理系统》和《中央级灾害信息管理系统》进行管理。

（6）灾害信息传播。灾害信息服务的对象为用户和公众，用户包括灾害管理部门、组织、单位、研究机构和个人，公众则是广大民众。对用户主要通过信息交流和共享机制以设立浏览权限的业务网站、点对点网络专线、信函邮递交换等方式传递，对公众主要通过新闻发布会、网站公布、电视播送、广播报道等方式传播。

5.2.3　应急响应机制

在中国，每当重大自然灾害发生后，按照应急预案启动应急响应是救灾响应机制主要还包括以下内容：

（1）应急响应标准。依据《国家自然灾害救助应急预案》的规定，民政部承担了抗灾救灾的综合协调职能，民政部明确了全国抗灾救灾综合协调办公室的工作职责和运行机制，健全了全国抗灾救灾综合协调工作的制度体系，在山洪灾害应急响应方面加强了水利部与国家减灾相关部门的信息交流和沟通协调。根据灾害死亡人数、转移安置人数、倒塌房屋数量，应急响应的等级分为四级。

（2）灾害紧急救援。在山洪灾害抗灾救灾工作中，政府向来把抢救人民生命财产作为救灾工作中的重中之重，"以人为本，救人第一"始终是救灾工作的最重要原则。我国基本形成了以公安、武警、军队为骨干和突击力量，以灾害救助、防汛抗旱、医疗救护等专业队伍为基本力量，以企事业单位专兼职队伍、应急志愿者为辅助力量的应急救援队伍体系。

（3）紧急转移安置。山洪灾害灾情发生后，县级政府必须在24h之内启动救灾应急预案，做到紧急转移受灾人员，保证受灾人员有临时住所、有饭吃、有衣穿、有干净的水喝、有病能医。根据灾区的实际条件，坚持就地安置与异地安置、集中安置与分散安置、政府安置与投亲靠友、自行安置相结合的原则，因地制宜地为灾区民众安排临时住所。

（4）临时生活救助。中央救灾应急资金是特大山洪灾害救济补助费的一个重要组成部分，用于应对突发性山洪灾害，解决受灾人员紧急救援、转移安置所需费用，重点解决在紧急救援阶段受灾人员无力克服的临时吃、穿、住、医等生活方面的困难。

（5）医疗救助服务。重大山洪灾害发生后，灾区应当设立医疗救助点，医疗救助应本着平等原则，保证所有受灾人员均能受到基本的医疗救助。同时救助行动的各个阶段均应建立设计、实施、监督与评估体制，以保证满足最需要的需求和良好的服务覆盖面，同时提高救助质量。

（6）社会动员参与机制。重大山洪灾害发生后，政府立即启动社会动员机制，组织社会各方面参与抗灾救灾，是战胜灾害的重要举措。社会动员涉及抢险动员、搜救动员、救护动员、救助动员、救灾捐赠动员等方面。

5.3　示范区应急抢险应对处置时效研究

5.3.1　山洪灾害应急处置流程

按照山洪灾害的危害程度和发展趋势，一般把山洪灾害分为特重大、重大、较大、轻微四个等级。山洪灾害发生后，所在村级防御指挥机构首先启动村级防御预案，组织村委会成员、村民防御小组和应急抢险队员开展灾情处置工作。同时由信息监测员和发送员及时向乡镇级和县级防御指挥机构上报灾情。当灾情等级为轻微或较大级别时，需要启动乡镇级防御预案。如灾情平稳时，则由乡镇自行开展抢险救灾，并确定应急抢险结束时机。若灾情升级，则向县级防御指挥机构申请启动县级防御预案，成立县级抢险救灾现场指挥部，指挥协调抢险救灾各项处置工作。当灾情等级为重大或特别重大时，县级防御指挥机构在开展应急抢险的同时还应当将灾情逐渐报送至市级或省级防御机构，并视灾情大小决策是否请求上级指挥部门支援。山洪灾害应急抢险应对处置流程如图 5－3 所示。

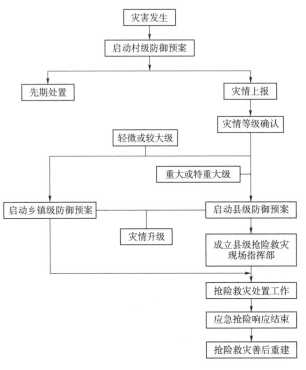

图 5－3　山洪灾害应急抢险应对处置流程

各级山洪灾害防御预案是山洪灾害应急抢险应对处置的依据，在进行山洪灾害应急抢险时应充分按照预案编制的内容进行。根据《山洪灾害防御预案编制导则》，山洪灾害防御预案编制要点包括以下部分：

（1）山洪灾害防御预案总体上应当以保障人民群众生命安全为首要目标，坚持因地制宜、突出重点、具有适应性和可操作性，坚持以防为主，防、避、抢、救相结合，强化群测群防，做到常备不懈。预案编制工作一般以县（市、区）为单元展开，内容应反映辖区自然和经济社会情况，明确山洪灾害防治区、山洪灾害类型、历史山洪灾害损失情况，分析山洪灾害的成因及特点；落实山洪灾害防御部门职责及责任人员；建立监测通信和预警系统，确定预警程序和方式，

及时发布山洪灾害预警信息；规定转移安置要求，拟定抢险救灾、灾后重建等各项措施，安排日常宣传、演练等工作。

（2）山洪灾害防御预案不仅应该包括地形地貌、水文气象、社会经济等特征，还应包括区域山洪灾害形成特征、小流域基本信息、受威胁乡镇和村落情况，以及现有的水雨情监测预警设施、山洪灾害防御非工程措施现状以及山洪沟治理工程情况，特别是分析山洪灾害防御的薄弱环节。

（3）山洪灾害防御预案的组织体系一般在省、市级防御指挥机构的领导下，设立县、乡、村三级防御指挥机构，并明确各级指挥机构负责人及成员名录。预案中落实行政首长负责制、分级管理责任制、分部门责任制、技术人员责任制和岗位责任制；实行责任分包、明确任务和要求，定岗定责，落实到人。

（4）山洪灾害防御预案中关于监测预警部分应包括监测预警内容和要求、监测预警方案、监测预警指标设定、监测站网布设、监测站点与防汛责任人关联关系、预警信息发布流程和发布方式。

（5）在人员转移方面，应建立各级负责制度、确定人员转移工作具体责任人，明确人员转移纪律。还需要合理制定人员转移路线，明确安置地点，科学制订转移方案。同时，在安置过程中，还应提供饮用水、食品、衣物等生活必需品和基本医疗保障。

（6）在抢险救灾方面，需要建立抢险救灾工作机制，制定抢险救灾方案以及备选方案；组建纪律严明、人员稳定的专业抢险救援队伍；制定山洪灾害防汛业务培训和应急抢

险演练工作计划，开展抢险救灾培训和救援抢险演练。

5.3.2　示范区应对处置时效提高提升的方法

综合考虑山洪灾害应急抢险应对处置流程，进行应急抢险应对处置时效影响要素分析，应急抢险应对处置时效的关键影响因素主要可以归结为应急救援能力、居民防灾减灾意识和避险效率和山洪灾害预警时长三种要素。

（1）针对山洪灾害应急救援能力不足的问题，在现有山洪灾害应急抢险模式和体系下，可以考虑结合 $200km^2$ 左右小流域中都有乡镇政府以及示范区流域中心距乡镇距离远小于县城的实际（表5-1），以"河长制"模式为参考，有针对性地构建"关口前移"的山洪灾害防御模式，将由县级防汛抗旱指挥部指挥阵地转移至流域所在乡镇，赋予乡镇指挥系统相应权力，配备监测预警、抢险救灾等人员，通过发放补助等方式在汛期召回青壮劳力，提高应急抢险应对处置能力。

表5-1　　　　　　　　　　示范区成灾体与乡镇/现场距离

示范区	最远潜在承灾体			距　离			
	自然村	经度	纬度	乡镇	距离/km	县城	距离/km
官山河	马蹄山	110°47′	32°23′	官山镇	−9.59	丹江口市	−58.51
岔巴沟	地林峁	110°49′	37°49′	三川口镇	−17.04	子洲县	−29.78
望谟河	蒋家坡	110°07′	25°19′	打易镇	−4.36	望谟县	−14.56
马贵河	榕树窝	110°18′	22°18′	马贵镇	−11.89	高州市	−159.56
白沙河	白茶坪	110°40′	31°10′	虹口乡	−5.56	都江堰市	−18.43

（2）山洪灾害应急抢险演练是提高山区居民防灾减灾意识和避险效率的重要手段，通过应急抢险演练可以提高灾区居民对应急抢险全链条过程的熟悉程度，在灾害来临的时候可以做到分工有序、从容不迫，对提高抢险效率具有重要的意义。培训和演练是非工程措施的重要组成部分，全国山洪灾害防治非工程措施建设情况和山洪灾害村级演练示意如图5-4所示。

图5-4　山洪灾害村级演练示意图

（3）山洪灾害预警时长为山洪灾害发生后的应急抢险应对处置争取应对时间，是应急处置时长和时效提高的直接手段，项目构建的村级"双指标"山洪灾害预警模型（图5-5）可有效提供山洪灾害预警时长，五个示范区提高预警时长平均大于20%。

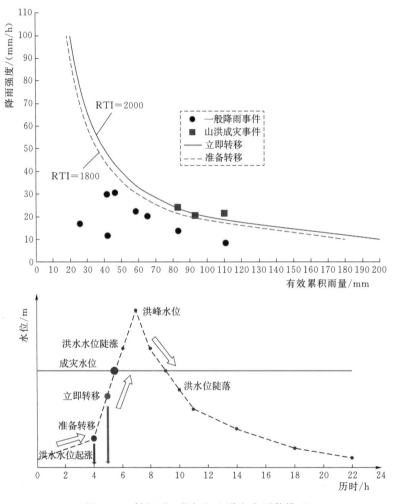

图 5-5　村级"双指标"山洪灾害预警模型

针对目前应急抢险应对处置时效不高，导致抢险救险能力不足的问题，通过多种措施实施可实现业务主管部门应急救援能力提高20%，居民防灾减灾意识和避险效率提升5%，依据应急抢险应对处置时效计算模型，将上述结果代入计算模型可得出最终应急抢险应对处置时效提高率为10%以上。应急抢险应对处置时效计算模型见下式：

$$提高率＝\frac{（应急救援能力＋居民意识和避险效率）×山洪灾害预警时长－提升前时效}{提升前时效}$$

5.4　小结与展望

应急抢险应对处置是山洪灾害抢险救灾和非工程措施建设中的重要环节，也是当前山洪灾害防灾减灾模式研究的薄弱环节，本章重点分析了当前山洪灾害应急治理模式和应急抢险模式，并在项目示范区开展应急抢险应对处置时效研究，结合本章内容，应急抢险应对处置研究应在以下方面加强：

（1）当前国内应急治理模式和体系以国家防灾减灾救灾相关部门"自上而下"的管理机制和模式为主，由群众和社会力量发起的"自下而上"的自主防灾救灾模式相对较少且不完善，因此，需要加强相关引导和模式建设。

（2）应急抢险的预防和准备机制主要包括灾害监测预警、救灾资金准备和救灾物资准备等环节，灾害监测预警体系侧重于灾害信息的收集、分析、决策和发布，是救灾资金和物质准备的重要依据和信息基础。当前国内外相关研究致力于融合信息、计算机、人工智能等多种高级技术，以提高山洪灾害监测预警的精度，提高应急抢险应对处置时效。

（3）探索了五个示范区的应急抢险应对处置时效影响因素，提出了通过灾害防御"关口前移"、山洪灾害防御演练和构建灾害预警模型的提高山洪灾害应急抢险应对处置时效的方法体系，在其他山洪灾害危险区的应用有待进一步验证。

第 6 章

山洪灾害防灾减灾救灾模式构建

6.1 山洪灾害防御现状

6.1.1 山洪灾害防御原则

2006 年，国务院批复的《全国山洪灾害防治规划》坚持"人与自然和谐相处""以防为主，防治结合""以非工程措施为主，非工程措施与工程措施相结合"的原则，在对山洪灾害易发区进行深入调查评价的基础上，系统地分析研究山洪灾害发生的原因、特点和规律，确定了我国山洪灾害的分布范围，根据山洪灾害的严重程度，划分了重点防治区和一般防治区，提出了以非工程措施为主的防治方案，并提出了近期（2010 年）及远期（2020 年）山洪灾害防治的目标、建设任务。规划提出的近期目标是，初步建成我国山洪灾害重点防治区以监测、通信、预报、预警等非工程措施为主与工程措施相结合的防灾减灾体系，基本改变了我国山洪灾害日趋严重的局面，减少了群死群伤事件和财产损失。

全国山洪灾害防治措施以监测、通信预警、防灾减灾预案、政策法规和管理等非工程措施为主，结合山洪沟、泥石流沟、滑坡治理等工程措施。通过阶段性的建设，从省（自治区、直辖市）至各县（市、区）及乡镇、行政村的山洪灾害监测预警体系已初步建成（图 6-1）。

6.1.2 山洪灾害防御体系

山洪是指山区由自然因素或人为因素引起的暴涨陡落的地表强径流。与一般大江大河洪水不同，山洪点多、面广、量大，发生突然，缺少控制性工程进行防洪调控，一直是我国防灾减灾工作中的难点。由于山洪具有点多、面广、量大的特点，加上山区人口、财产分布较为分散，对灾害威胁区内的人员和财产全部采取工程措施进行保护是极不经济的。2006 年，国务院批复的《全国山洪灾害防治规划》明确将"人与自然和谐相处""以防为主，防治结合""以非工程措施为主，非工程措施与工程措施相结合"作为我国山洪灾害防治的基本原则。目前，山洪灾害防治以最大限度地减少人员伤亡为首要目标，防治措施立足于以防为主，防治结合。因此，山洪灾害防御体系的构建，仍将贯彻《全国山洪灾害防治规划》中"以非工程措施为主，非工程措施与工程措施相结合"的基本理念。

（a）简易雨量计

（b）雨量自动监测站

（c）简易水位报警器

（d）无线预警广播

（e）县级山洪灾害监测预警平台

（f）简易预警设施设备

（g）山洪灾害防御宣传栏

（h）山洪灾害防御预案

图 6-1　地方山洪灾害防治非工程体系建设情况

非工程措施体系包括防灾知识宣传教育、监测通信预警系统、防灾预案及救灾措施、搬迁避让、政策法规和防灾管理等。

（1）防灾知识宣传教育。通过报纸、广播、电台、电视、网络等多种媒体进行宣传，提高全民全社会的防灾意识，使山洪灾害防治成为山丘区各级政府、人民群众的自觉行为。

（2）监测通信预警系统。监测系统包括气象监测系统、水文监测系统、泥石流监测系统和滑坡监测系统。在充分利用现有资源的前提下，专业监测与群测群防相结合，微观监测与宏观监测相结合，为预报、预警提供基础资料。通信系统是为各类监测站与各级专业部门之间、各级专业部门与各级防汛指挥部门之间的信息传输、信息交换、指挥调度指令的下达、灾情信息的上传、灾情会商、山洪警报传输和信息反馈提供通信保障。目前有山洪灾害防治任务的各县级行政区基本都建立了数据汇集及信息共享平台，实现各类监测信息的实时接收、处理、转发及共享。根据预报制作及发布行业不同，山洪灾害预报分为气象预报、溪河洪水预报和泥石流及滑坡灾害预报，三类预报相辅相成，应加强相互配合、协调、制作发布预报警报。

（3）防灾预案及救灾措施。目前有山洪灾害防治任务的各县级行政区、乡镇基本都编制了防灾预案，预案根据山洪及其诱发的泥石流、滑坡特点，进行山洪灾害普查，划分了危险区、警戒区和安全区，明确了山洪灾害威胁的范围与影响的程度，建立了山洪灾害防御领导、指挥及组织机构，确定了避灾预警程序和临时转移人口的路线和地点，制定了救灾方案及救灾补偿措施等。保证在山洪初发时就能做到快速、准确地通知可能受灾区群众及时转移，最大限度地减少人员伤亡。

（4）搬迁避让。为减少山洪灾害损失，对处于山洪灾害危险区、生存条件恶劣、地势低洼而治理困难地方的居民实施永久搬迁。创造条件，政策引导，鼓励居住分散的居民结合移民建镇永久迁移。

（5）政策法规。制定风险区控制政策法规，有效控制风险区人口增长、村镇和基础设施建设以及经济发展。制定风险区管理政策法规，规范风险区日常防灾管理、山洪灾害地区城乡规划建设的管理，维护风险区防灾减灾设施功能，规范人类活动，有效减轻山洪灾害。

（6）防灾管理。山丘区不合理的人类活动往往加剧或导致山洪灾害的发生。应加强对开发建设活动的管理，加强山洪灾害威胁区的土地开发利用规划与管理，建议对山洪灾害威胁区范围内的建设项目进行防灾评估。加强河道、防灾设施的管理，以维护河道泄流能力，确保防灾工程设施正常运行。

6.1.3　山洪灾害预警模式

6.1.3.1　山洪灾害预警指标

山洪灾害预警指标主要包括预警对象、指标分类和分级等内容。

雨量预警时段的确定包括以下步骤：确定合理的预警时段；结合流域暴雨、下垫面特性以及历史山洪情况，综合分析沿河村落、集镇、城镇等防灾对象所处河段的河谷形态、洪水上涨速率、转移时间及其影响人口等因素后，确定各防灾对象的各个典型预警时段，从最小预警时段直至流域汇流时间；假定一个初始雨量，并按雨量及雨型分析得到相应的降雨过程，计算预警地点的洪水过程，进而比较计算所得洪峰流量与预警地点的预警流量。水位预警指标的确定主要根据不同频率下的降雨在流域内的淹没范围确定。

根据是否发送警报信息的来源不同，预警系统主要包括根据监测决策信息进行预警、随时根据当地雨水情信息进行预警、群策群防等方面。

从监测决策信息发布平台确定的山洪预警信息，及时通过各种途径传送给各级防汛指挥部，由各级防汛指挥部将山洪灾害预警信息向下传递。预警信息到达县级防汛部门后（或者由县级防汛部门决定发送警报后），一般情况下可参照县→乡（镇）→村→组→户的次序进行预警，紧急情况下可由县级防汛部门直接向村、组发送警报。乡（镇）、村级需随时向上一级防御指挥部门汇报情况。

在预警程序无法控制及控制之外的危险状态下，出现下列情况之一，需随时发布山洪灾害警报：①无法接收到监测决策信息平台发送的预警信息，也无法接收到上级防汛部门发送的山洪警报，但从获取的雨水情等各方面信息表明可能要发生山洪灾害；②水库、山塘发生溃坝。情况①由获取信息的监测员和信息报送员直接向处于危险区的山洪灾害防御预警管理机构及居民发送预警信号，并同时向上一级防汛部门报告。情况②由水库、山塘监测员直接将预警信息发布给村级和相关村民，并同时报告乡（镇）政府。

群测群防是预防山洪灾害的重要手段之一。各简易山洪灾害监测点在预警期内保证24h连续监测，各村（组）安排专门人员巡视，发现险情立即发出警报信号，通知至各户，并将各有关信息反馈给乡（镇）政府，乡（镇）政府并立即报告县防办，如遇紧急情况村组可直接报告县防办，由县防办统一指挥。

6.1.3.2　山洪灾害预警发布模式

根据各地经济技术水平高低的不同，对照山洪灾害监测预警系统设计总体结构，山洪灾害预警子系统分为4种模式。

（1）县级防汛部门发送预警。建立在县级防汛部门内部的山洪灾害防治信息汇集及预警平台根据预报决策子系统结果，结合实时水雨情信息，由县级防汛部门向乡（镇）防汛指挥所发送警报，乡（镇）向下一级逐级预警。特殊情况下可由县级防汛部门直接向可能发生灾害的村或组直接发送警报。同时县、乡（镇）、村、组建立群测群防的组织体系，乡（镇）、村利用自有设施开展预警工作。

（2）市级防汛部门发送预警。建立在市级防汛部门内部的山洪灾害防治信息汇集及预警平台根据预报决策子系统结果，结合实时水雨情信息，向县级防汛部门发送警报，由县级向下一级逐级预警。特殊情况下可由县级防汛部门直接向可能发生灾害的村或组直接发送警报。同时县、乡（镇）、村、组建立群测群防的组织体系，乡（镇）、村利用自有设施开展监测、预警工作。

（3）省级防汛部门发送预警。山洪灾害防治信息汇集及预警平台建立在省级防汛部门，预报到山洪灾害后，省级防汛部门直接向县级防汛部门发送警报，由县级向下一级逐级预警。特殊情况下可由县级防汛部门直接向可能发生灾害的区域直接发送警报。

（4）群测群防实时预警。在没有建立山洪灾害防治信息汇集及预警平台的地区，由各乡（镇）、村或居民点根据简易设施观测情况和山洪灾害防御培训宣传掌握的经验，自行发布预警警报。这种模式也是前 3 种模式的重要组成部分，尤其是在无法接收到上级防汛部门发送的山洪预警信息时，这种模式对于可能发生灾害区域人民群众的自救具有重要意义。

6.1.3.3　山洪灾害监测预警系统构建

为了充分利用已有资源，利用现代化技术为山洪灾害预警服务，建立集水雨情监测子系统、预报决策子系统和预警子系统为一体的山洪灾害监测预警系统是必要且必需的。水雨情监测子系统和预报决策子系统是预警子系统的基础，预警子系统是整个系统的目的所在，其功能的有效发挥将直接影响到系统的成功与否。

1. 信息系统（信息共享平台）建设

根据各地山洪灾害防御工作的特点和山洪灾害预警决策的需求，利用气象预报、水文预报、通信、计算机模拟、地理信息系统等技术，建立山洪灾害预测预报数据库，以便为山洪灾害防御工作提供一个信息共享平台。根据预警模式的不同，信息共享平台建设基地设立在省、市或县级防汛指挥部门。

（1）信息系统建设原则。为了确保系统的先进性、实用性，更好地实现山洪灾害预警，信息系统的建设应遵循以下原则：

1）规范性。系统建设中应建立统一的数据及格式标准。

2）先进性和开放性。针对系统的具体需要，综合利用各种现代技术手段开发系统，并采用开放式的结构设计，便于对系统进行修改、补充和不断完善。

3）易用性。系统整体结构清晰，系统界面简明直观，易于操作，安装手册、使用手册、技术资料等文档详尽明了。

4）集成性和完备性。各子系统良好的集成性，数据调用处理和各种功能实现平滑过渡；综合数据库中存储的数据足以满足用户日常工作的需要。

（2）预警子系统技术原理。预警系统技术方案采用中国移动通信线路及中国联通和光纤传递作为传输介质，以移动电话或手机短信方式或固定电话传输、发送指令，实现现场的预警。此外，借助蜂窝网的基站覆盖和各级防汛指挥部操作控制指挥中心的管理软件，实现对预警点的声、光、语音、文字、图形预警。利用移动公网覆盖面广的通信网络，任意增加广播预警点。

（3）预警子系统结构。预警信息系统采用基于 Web 网络环境的三层 B/S 结构，以综合数据库为核心，地理信息系统为平台，通过 Web 服务，利用浏览器实现信息查询分析显示和用户交互。

2. 预警发布权限

根据山洪灾害预警系统模式的不同，预警发布权限归属设立平台的防汛部门负责人及乡（镇）级政府部门。

3. 预警等级划分

各地根据临界雨量的分析结果和预报部门提供的降雨数据，划分不同的警报级别，设置对应的警报标志。一般情况下山洪灾害降雨强度预警等级划分如下：

(1) 第Ⅰ级为红色预警信号（预警等级为特别严重）。具有下列情形之一者，发布红色预警信号：①根据降雨预报，1h 之内将有强降雨发生，且降雨量可能达到或可能超过 1h 临界雨量的 2～4 倍；②根据降雨预报，3h 之内将有强降雨发生，且降雨量可能达到或可能超过 3h 临界雨量的 2～4 倍；③根据降雨预报，24h 之内将有强降雨发生，降雨量可能达到或超过 24h 临界雨量的 2～4 倍，且降雨可能在较长时间内持续。24h 之内可能发生特别严重的山洪灾害，此时各主管机构应当启动特别紧急应急程序，进入特别紧急防灾状态，相关部门要做好重大山洪灾害的监测、预报、警报服务工作，及时启动抢险应急方案。保证受灾害威胁的人员及财产（可转移）在规定时间内迅速撤离，转移至安全场所避灾，并实施相应的救灾措施。

(2) 第Ⅱ级为黄色预警信号（预警等级为严重）。具有下列情形之一者，发布橙色预警信号：①根据降雨预报，1h 之内将有强降雨发生，且降雨量可能达到或可能超过 1h 临界雨量的 1～2 倍；②根据降雨预报，3h 之内将有强降雨发生，且降雨量可能达到或可能超过 3h 临界雨量的 1～2 倍；③根据降雨预报，24h 之内将有强降雨发生，降雨量可能达到或可能超过 24h 临界降雨量的 1～2 倍，且降雨可能持续。预报可能发生严重的山洪灾害，此时各主管机构应当启动紧急应急程序，进入紧急防灾状态。野外作业人员停止作业，及时对受灾害威胁的人员及财产（可转移）进行撤离和转移。

(3) 第Ⅲ级为橙色预警信号（预警等级为较重）。具有下列情形之一者，发布黄色预警信号：①据降雨预报，1h 之内将有强降雨发生，且降雨量可能达到或可能超过 1h 临界雨量；②根据降雨预报，3h 之内将有强降雨发生，且降雨量可能达到或可能超过 3h 临界雨量；③根据降雨预报，24h 之内将有强降雨发生，降雨量可能达到或超过临界雨量，而且降雨可能持续。预报将可能发生较重山洪灾害，此时各主管机构应当启动相应的应急程序，进入防灾状态。

4. 预警发布内容

预警信息包括暴雨洪水预报信息；暴雨洪水监测信息；降雨、洪水位是否达到临界值；水库及山塘水位监测信息等。

5. 预警发布方式

根据当地实际情况设置预警信号（主要有语音电话、手机和手机短信、传真、有线电视、广播）、报警信号（如信号弹、鸣锣、报警器等）；按照发生山洪灾害的严重性和紧急程度，因地制宜地确定不同级别预警信号所对应的预警发布方式。

6. 预警发布程序

一般情况下，山洪灾害预警由县级或县级以上防汛指挥部门（包括省级、市级）向县级以下行政部门逐级发送警报，紧急情况下可由各监测点直接发布预警信号，在最短时间内完成预警工作。常规状态和紧急状态下的预警发布程序如图 6-2 和图 6-3 所示。

7. 预警信息发布覆盖范围

预警系统要尽可能充分利用通信线路所覆盖的范围，根据决策子系统分析结果和雨水情信息，通过各种传输介质，及时、准确地将山洪灾害预警信息和防灾避灾调度指令传送到受山洪威胁的城镇、乡村、居民点、学校、工矿企业等地方。

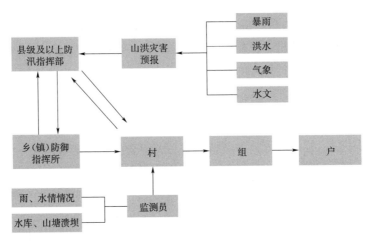

图 6-2　常规状态下的预警发布程序示意图

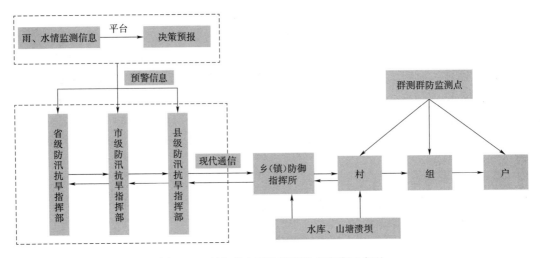

图 6-3　紧急状态下的预警发布程序示意图

8. 预警信息处理办法

根据发布的预警信息级别，乡镇、村级对接收到的预警信息分别采取不同的处理办法。

（1）乡（镇）防汛办在收到县防汛办的信息后，处理办法如下：

1）三级预警。将信息通知到乡（镇）防指全体成员和村防御工作组，乡（镇）防指副指挥上岗指挥；乡（镇）防指监测组、信息组投入工作，其他各应急组集结待命。

2）二级预警：将信息通知至乡（镇）防指全体成员和村防御工作组，乡（镇）书记、乡（镇）防指指挥长上岗指挥；乡（镇）防指加强值班，监测组、信息组密切掌握情况，其他各应急组进入村组，做好人员转移等一切准备工作。

3）一级预警：将信息通知到村、组、农户，启动预案；各责任人到岗到位，深入到各村组，做好群众转移安置，投入抢险救灾工作。

4）与县信息中断后，处理办法为：乡（镇）根据当地的降雨情况，自行启动预案，并设法从相邻乡村与县防汛指挥部取得联系。

5）与村组信息中断后，处理办法为：各责任人直接下到村组，组织指挥躲灾、避灾、救灾。

（2）村防御工作组在收到县、乡（镇）防汛办信息后，处理办法如下：

1）三级预警：将信息及时通知至村主要干部。村防御工作组指导员、组长及各成员上岗指挥；巡查信息员密切注意天气变化，加强巡查和信息联系；其他各应急队人员进岗待命。

2）二级预警：将信息及时通知到所有村干部、各应急队和危险区、警戒区内各农户，巡查信息队加大巡查密度和信息联系，做好人员转移等各项准备工作。

3）一级预警：将信息及时通知到所有村干部、各应急队和危险区、警戒区内各农户，启动预案；各责任人到岗到位，各应急队投入抢险救灾，做好群众转移安置工作。

4）与县、乡信息中断后，处理办法为：根据降雨情况通知到所有村干部和各应急队、农户，各种自动启动预案；各责任人到岗到位，各应急队投入抢险救灾，做好群众转移安置工作。

6.2 山洪灾害防灾减灾救灾模式研究

6.2.1 "自然-社会"二元防御模式理念

自2006年10月国务院批复了水利部牵头编制的《全国山洪灾害防治规划》以来，全国山洪灾害防治工作开展迅速，至今先后落实了（或正在落实）全国2058个防治县的非工程措施建设和小流域山洪灾害调查评价工作，以监测预警为主的山洪灾害防御体系得以初步建立。

在这一背景下，以"群测群防""监测预警"等非工程措施组合为特征的我国现阶段山洪灾害防御模式亦初见端倪。所谓"模式"，即事物的标准样式。严格地说，我国现阶段并不存在真正意义上的山洪防御模式，因为各方面的标准化工作都尚待深入，但基本框架业已成形，大体内涵可包括以下三个方面：一是由县级及以上防汛部门主导的，依托监测预警平台、自动监测站点、无线预警广播等硬件设施组成的监测预警网络，自上而下地发布预警和组织动员等；二是在当地防办的指导下，开展群测群防体系建设，利用简易雨量或水位报警器，结合当地经验和调查评价成果，自下而上地发布预警和组织动员等；三是由各级防汛部门组织编制防灾预案，明确灾前预备、灾中应急和灾后恢复方案，作为防灾快速应对依据。以上内容均针对各防治县内的防治区或重点防治区，即①客观上有山洪发生的危险性；②有沿河村落或城集镇等确切的承灾体，是对"风险区"内固定聚落的"阵地战"式的防御模式。

气候变化造成极端降水事件频发，人类生产活动改变流域下垫面特性，导致山洪灾害造成人员伤亡和财产损失居高不下。针对山洪灾害区域特征，综合考虑山洪灾害监测、预警、预报和群测群防，开发系统的区域山洪灾害防治范式，是当前减灾防灾的国家需求。

在没有人类活动或人类活动干扰可忽略的情景下，山洪只是一个自然过程，并不能形成灾害；当小流域出现人类活动时，人类在成为潜在受灾对象的同时，也大大影响了小流域水流和物质迁移过程，山洪灾害防治过程呈现越来越强的"天然-人工"二元特性。本研究针对人工动力对流域水流和物质循环过程超过自然作用力影响的特点，在考虑气候变化和人类活动双重影响下，提出以"自然-社会"演变为基础的二元山洪灾害防治概念（图 6-4）。

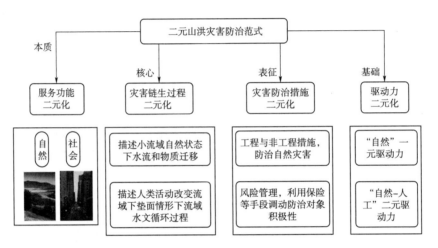

图 6-4　"自然-社会"二元山洪灾害防治范式理论框架

变化环境下，区域山洪灾害形成过程同时受自然和社会二元作用力的影响，具有高度的复杂性。"自然-社会"二元山洪灾害防治范式的驱动力体现为自然驱动力和人工驱动力的耦合，即山洪灾害形成机制不仅受自然降水过程的影响，还受制于防灾对象。防治范式的表征基于自然和社会两方面，既从灾害本身角度出发，采取措施减缓其发生过程，也从防灾对象本身利益出发，采取金融和保险手段，驱动防灾对象避险。防治范式的核心从传统的自然状态下流域水文物质循环过程变化为人类活动影响下流域水文物质循环。服务功能的二元化则体现为防治范式的本质，必须辩证分析山洪灾害防御过程中人类社会和生态环境的关系，实现社会经济和生态系统协调发展。

基于上述"自然-社会"二元山洪灾害防御模式构建理念，山洪灾害防灾减灾救灾模式构建包括以下内涵：

（1）将防御范围由"风险区"扩大至"危险区"，开展危险区监测预告工作。将山洪防御范围由目前的风险区扩大到危险区，有利于更好地保护人民群众的生命财产安全。首先，在危险区开展山洪防御工作，可以为未来村镇发展规划、保险产品设计提供决策参考。其次，随着国家社会经济的发展，新的旅游业态得到发展，许多"驴友"并不满足于规定景点或路线的涉猎，还希望探索过去人迹罕至的区域或路线。而以往的山洪防御体系中，是没有将这部分情况充分考虑的，近年来也出现了不少"驴友"探险遭遇山洪的报道。而将防御范围扩大到危险区，对可能发生山洪的危险区给予明确的标识或预警，会极大地提高这部分群众的防灾意识，进而减少悲剧的发生。

（2）进一步加强流域风险管理及法律的保障作用，风险管理需要国土、气象、水利、环境，特别是建设部门以及当地居民的一同参与和一致认可，否则无效。而当风险区一旦划定，则具备绝对的法律效力。

（3）灾害监测预警和治理措施需实用化、多样化，不是简单地追求先进和"高大上"，山洪灾害防御措施布设应考虑简单、实用、长久、投资低廉，同时以政府为主导，通过发动全社会团体和力量，进行山洪灾害防御知识的宣传和引导，提高居民防灾减灾救灾意识，降低灾害风险。

（4）灾害防御可以引入洪水保险，用于金融工具降低灾害损失。积极引导社会力量参加山洪防治，加强我国自然灾害的保险体系建设，使其能够在一般山洪灾害防治工作中发挥更大作用。尽管从国内外实践的经验来看，巨灾保险失误确实可能造成相当严重的金融后果，但从现实灾情来看，绝大部分山洪灾害均不属于"巨灾"的范畴，适当引入保险力量，采用行政补贴加民众自筹的方式，建立类似农村医保的灾害保险制度，将会在一定程度上减轻政府防灾减灾负担，并可通过保险产品的差异化设计，进一步引导优化山区村镇布局，最终达到减少承灾体暴露量的目的。

（5）对山洪高风险区进行的生产建设活动实施监管，强制项目进行局域山洪风险或影响评估，颁布行政许可，对可能造成山洪灾害的生产建设活动，给予坚决叫停或严格补偿标准，明确企业的社会责任。

（6）灾害防治要做到一劳永逸，"治一处，成一处"，不能"防灾致灾"，灾害防治规划、措施布设需要科学布局，合理建设，不能"边治灾，边致灾"。减少承灾体暴露量，要切实规范山区民房、厂房的建筑选址、用料、强度标准。可依据山洪风险分析成果，对辖区内不同风险等级区域的村镇体系进行规划，对不同风险等级地区，配以不同的行政管理标准，如限制高风险区人口资产规模并提高相应的建筑标准等。

6.2.2 典型防灾减灾救灾模式构建

据不完全统计，2008 年后国家出台的防灾减灾救灾相关政策文件中，超过 20 个直接提及社会力量参与救灾的相关内容，包括《自然灾害救助条例》《民政部关于支持引导社会力量参与救灾工作的指导意见》《民政部关于完善救灾捐赠导向机制的通知》等，这些政策法规从多个方面引导社会力量参与救援。随着近年来国内救灾经验的积累和提升，中国民间救援力量进入快速发展阶段，志愿者和社会组织为国家救援行为做了很好的补充。2008 年汶川特大地震发生至今，社会组织参与救灾过程中社社协作、政社协作的模式逐渐发展成熟，也出现了像广州救灾联盟、基金会救灾协调会、壹基金救援联盟等救灾模式。

6.2.2.1 汶川模式

2008 年汶川特大地震发生以后，绵竹市遵道镇汇聚诸多企业、NGO 与个人志愿者建立"遵道志愿者协调办公室"，并在抗震救灾期间开展了有序、有效的志愿服务。志愿者协调办公室在政府、企业、NGO、社会资源等四方关系协调中起到了作用，这一工作模式创造了地方党政部门和民间组织合作救灾的新模式，同时得到了政府和民间的双重褒扬。其中，2008 年 6 月 9 日出台的《汶川地震灾后恢复重建条例》提出"政府主导与社会参与相结合"。2015 年 10 月 9 日，民政部印发了《关于支持引导社会力量参与救灾工作的指导意见》，肯定了社会力量参与救灾的重要意义，旨在统筹协调社会力量高效有序参与救灾工作，提高救灾工作整体水平。2016 年，《中共中央、国务院关于推进防灾减灾救灾体制机制改革的意见》发布，明确提出"完善社会力量和市场参与机制"，鼓励社会力量参与救灾行动评估和监管体系，支持社会力量全方位参与常态减灾、应急救援、过渡安置、恢复重建等工作。2017 年，民政部救灾司指导社会组织制定《社会力量参与救灾一线行动指南》，旨在健全社会力量一线救灾工作机制，促进协调社会力量高效有序地参与救灾工作。

6.2.2.2　雅安模式

2013 年雅安芦山地震后，四川省"4·20"芦山强烈地震抗震救灾指挥部设立社会管理服务组，随后服务组协调成立了"雅安抗震救灾社会组织和志愿者服务中心"，以便更好地将社会组织和志愿者纳入到灾后救援工作体系中来，引导和组织社会力量依法、有序参与抗震救灾。中心下设接待部、服务部、项目部和综合部，80 多名成员均来自群团组织。随后 7 个受灾区县相继建立县级抗震救灾社会组织和志愿者服务中心，极重受灾乡镇设立社会组织和志愿者服务站。雅安模式成功实践了政社合作、社社合作和项目推进机制。

政社合作机制方面，建立了党委政府和社会组织的沟通机制，党委政府向社会组织及时通报抗震救灾的要求和进展情况，并及时收集解决社会组织实施救灾过程中的困难和问题，为社会组织提供全方位服务，提供包括工作场地、水电、网络、信息需求发布等诸多便利。社社合作机制方面，主要是通过设立基金会救灾协调会、420NGO 组织的联合平台等充分协调社会组织之间的关系，建立了工作联系会、重建工作通报会、信息分享会、援建项目进程通气会、项目发布会等 7 会制度。

6.2.2.3　基金会救灾协调会模式

2013 年雅安地震 10 天后，数家基金会共同发起设立"基金会救灾协调会"，2014 年 7 月该基金会正式完成注册。其组织结构为"8+1"，8 家基金会包括中国扶贫基金会、中国青少年发展基金会、中国妇女发展基金会、深圳壹基金公益基金会、南都公益基金会、腾讯公益慈善基金会、爱德基金会、中国社会福利基金会；1 家为北京师范大学社会发展与公共政策学院。救灾协调会致力于促进基金会之间、基金会与政府部门、社会组织及社会各界，在防灾、减灾、救灾、重建中的沟通、交流、合作与协同。其终极目标是要建立一个协调政府与社会力量、包含灾害管理各个阶段的全面综合型的协调机制。救灾协调会的功能是汇总成员机构信息向政府传递，收集政府救灾信息，协调会员单位之间的救灾关系。每个会员基金会均设一位联络员负责与协调会联络，稳定性较强。

6.3　山洪灾害防灾减灾模式构建

6.3.1　秦巴山地区（I4）山洪灾害防御模式

官山河流域地势中间低，边缘高，最低点为流域出水口，平均历史受灾海拔、坡度为 415m 和 21°；平均植被覆盖度为 71%，主要土地利用类型为林草地，历史受灾主要在低植被的沿河、沟、道路周边；居民房屋为山洪灾害重点承灾体，占总面积的 1%，裸地、坡耕地占总面积的 2%；潜在受灾房屋主要集中在官山河、袁家河、吕家河、西河两侧地势低的位置，受灾总人口为 8106 人、2023 户。官山河流域出口处的弯曲段、窄河段、上下游卡口区条件，不利于快速泄洪，易引发山洪灾害。在强降雨下，裸地、低植被陡坡地易产生山洪，沿河、道路周边低植被村落易遭受山洪灾害。官山河流域共有 12 个村存在潜在受灾威胁，需做好山洪灾害预警和防范建设；五龙庄、大河湾、赵家坪、吕家河、马蹄山、西河、官亭村是山洪灾害防御建设的重点。

结合国内外山洪风险评价理论方法和灾害防御模式，大部分的山洪风险防御主要考虑以下四个要素，分别是洪水危害（主要为淹没深）、暴露因素（主要为土地利用类型）、价值风险因素以及风险因素对水文条件的敏感性，官山河流域山洪灾害威胁类型主要为溪河洪水上涨引起的房屋和农田淹没。研究引进瑞士在山洪灾害风险管理领域的技术和经验，通过 GIS、地统计方法、层次分析法（AHP）等相关工具和理论方法，划分山区灾害风险区域（图 6-5）。同时利用成熟的山洪模型，计算出风险值并绘制叠加不同等级的风险图。结合官山河流域下垫面具体情况，本书沿着"洪水过程模拟—结果分析—计算淹没深—划定风险范围"的思路，对流域范围进行风险评价，由于官山河流域水文资料有限，拟采用孤山站的径流资料，主要计算干流范围内风险情形，包括承灾体位置淹没深度、水流速度和冲击力。

图 6-5 山洪灾害风险区域划分示意图

官山河流域下垫面具有高度异质性，导致其产汇流过程复杂，对山洪过程进行精细化模拟是提高山洪灾害预报能力和应急抢险应对处置时效的关键。基于上述理论基础，结合当前山洪灾害防御工程措施和非工程措施，构建秦巴山地区山洪灾害防御模式（图 6-6）。官山河流域山洪灾害防御模式以"人类活动影响下高度异质下垫面山洪过程精细化模拟与观测—分风险等级预警—应急处置与转移"为主要思路，融合山洪灾害水雨情监测、群测群防体系、应对抢险处置方法等手段，通过水雨情的定点、定量精准监测实现山洪灾害预警。在观测到严重山洪过程的紧急情况下，也可以直接启动应急处置与转移流程，实现高效直接防灾应对。官山河流域山洪灾害防御模式适用于秦巴山区高度异质下垫面小流域山洪灾害预警预报。

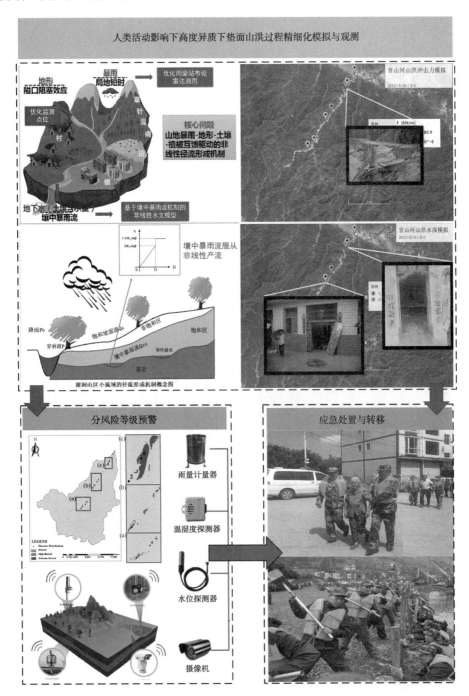

图 6 - 6　秦巴山地区山洪灾害防御模式示意图

6.3.2　黄土高原区（I3）山洪灾害防御模式

岔巴沟流域最低点在流域出水口，在曹坪水文站附近，最高点在流域西北端。45％地区坡度为 8°～15°。24％地区坡度为 15°～25°。岔巴沟流域主要土地利用类型为林（草）地，山洪灾害重点承灾体是房屋，占地面积为 322.9hm^2，占国土总面积的 1.57％。潜在受灾行政村落有曹坪村、新庄、刘卯、尚家沟、马王庙沟、务庄等 21 个村。岔巴沟流域范围内植被覆盖低，冲蚀切沟发育丰富，沟密度大，造成暴雨快速汇聚，引发洪水陡涨、河道淤堵致灾。

岔巴沟流域处于子洲县城的上游，在城市化快速进程条件下，近 10 年来河道淤积严重，绥德、子洲县城建设规模快速发展。1999 年，绥德县城主城区建筑散落在大理河和无定河交汇处所覆盖区域，部分城区临近河道，其临河建筑物规模相对较小。2006 年，城建线已推进至大理河和无定河河漫滩，修建了大量临河建筑物。通过十多年建设，绥德县城区基础设施建设规模已相对较大，且不断向无定河上游和下游以及大理河上游延伸，其延伸范围明显增大，对河道形态、河势走向都有较大的影响。子洲县的主城区在 1999 年汛后位于大理河河道的左岸，距河道最近约为 130m。2000—2006 年，子洲县城城建线推进至临河，且沿河方向快速发展，2017 年，县城城区已扩大为 2006 年的 3 倍（表 6-1）。

表 6-1　　　　　　　　　　　　　子洲县城河道信息变化表

年份	城区建筑占地面积/hm^2	较 1990 年用地增加量/hm^2	河道面积/hm^2	较 1990 年河道面积变化量/hm^2	河道面积减少占用地增加面积的百分比/％
1990	108.31		399.49		
1994	135.71	27.40	377.51	−21.97	80.2
1999	286.80	178.49	301.51	−97.90	54.8
2006	686.82	578.51	155.73	−243.76	42.1
2010	692.61	584.51	146.36	−253.13	43.3
2017	908.40	800.09	127.10	−272.30	34.0

注　1. 历史河道面积统计的河长以 2017 年城区范围内的为基准。
　　　2. "负号"为减少。

受人类活动和城市化进程影响，子洲县城区建筑占地面积不断增加，河道面积不断减少，河道淤积情况严重，造成沟道洪水灾害存在动态变化和不确定性。基于上述原因，进行岔巴沟淤积情况快速反演和空间分析工作是山洪灾害防御的前提和基础。通过淤积坝分布情况反演和分析，可以确定岔巴沟流域山洪灾害重点威胁区域，从而为雷达/微纳感知多源降雨径流监测设施布设提供依据。雷达/微纳感知多源降雨径流监测设施的布置可以实现点、面等多种形式降雨和径流观测，便携式微纳感知降雨监测仪器不仅对现有降雨监测站网进行了加密，而且可以根据山洪灾害重点威胁区域对设备安装位置进行调整，最终实施非工程措施为主、工程措施为辅的防灾减灾模式（图 6-7）。

6.3.3　华南地区（I7）山洪灾害防御模式

望谟河流域主沟地势低，流域中部和南部地势低，东部、东北部地势高。最低点在望谟河流域出口。望谟县城区坡度为 0°～8°，主沟两侧坡度较高。25％的地区坡度为 25°～35°。主要土地利用类型为林地、草地、旱地等类型。其中林（草）地占总面积的 80％，旱地

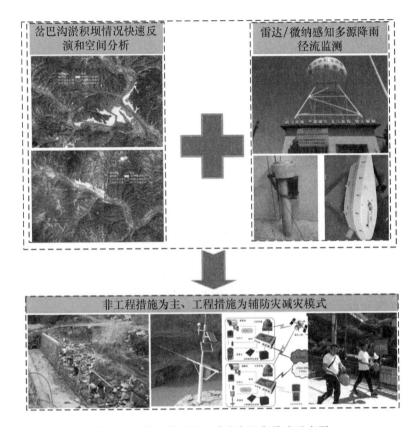

图 6-7 黄土高原区山洪灾害防御模式示意图

占国土总面积的 9%，潜在受灾房屋主要集中在望谟县县城（复兴镇）、新屯镇，包含王母街道、下弄腊、河贝、东岩村等 10 个村。

望谟河流域沟壑纵横，河流深切，地形起伏大；降水多而集中，强度大，流域内大面积碎屑岩山区补水、径流、排水过程复杂；流域内出露地层以第四系、三叠系地层为主，岩土体组合条件复杂多样。强降雨为山洪引发次生地质灾害提供了有力的主导条件，特殊的地形地貌为其提供了便利的水利通道，复杂多样的岩土工程条件为其形成提供了丰富的物源基础。望谟河主要以山洪地质耦合成灾为主，其自然因素主要包括降雨、不利地形、地层结构破碎等因素，社会因素主要包括防洪基础设施落后、森林植被破坏严重、民众防洪意识差等问题。

以望谟河流域为例，针对流域现状和存在的问题，按照"灾害隐患点分析—山洪灾害监测预警/地质灾害监测预警—应急抢险应对处置"的思路，构建华南地区山洪灾害防御模式（图 6-8）。依据前期自然地理、水文气象、地质地貌、社会经济和历史灾害资料，进行灾害隐患点分析，识别灾害类型（以山洪还是地质灾害为主）、主要致灾因子和影响范围；有针对性地进行山洪灾害或者地质灾害隐患点监测预警设施布置，对流域山洪地质灾害主要致灾要素进行精准监测，结合预警阈值进行灾害实时预警；按照山区洪水灾害和滑坡、泥石流等地质灾害特点进行应对抢险应对处置。

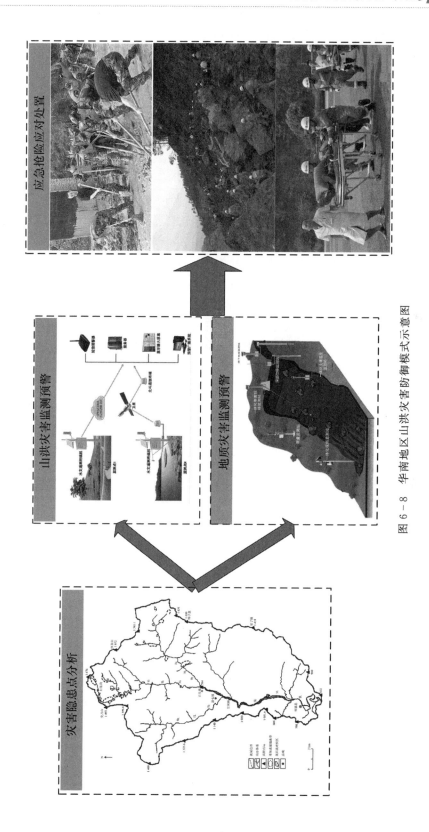

图 6 - 8　华南地区山洪灾害防御模式示意图

6.3.4 东南沿海区（I6）山洪灾害防御模式

马贵河流域流域主沟地势低，流域中部和东部地势低，西北部地势高。44%的地区坡度在为 $15°\sim25°$。主要土地利用类型为林地、草地、旱地、水田、居民地建筑物、道路、水域、裸地、裸岩及其他类型，其中林地占总面积的 76%。潜在受灾房屋空间分布主要集中在马贵河流域主沟上游、中游（马贵镇）、下游出水口处。主要受台风、暴雨影响，下游马贵镇大桥行洪受阻，滩面淤积、加上弯道急流，易造成河洪漫滩。

马贵河流域处于粤西山区丘陵地带，其主要干流是鉴江的上游部分，受台风影响很大，暴雨天气十分频陵繁，易引发山洪。山洪灾害具有突发性、水量集中、流速大等特点，且洪水中常常携带泥沙石块等冲刷物破坏力非常大。马贵河流域的洪水具有陡涨陡落、汇流速度快的特点，雨强越大汇流速度越快，洪峰来临的速度也就越快。当雨强不大时，植被以及土壤的阻流作用能起到较好的效果，使得洪峰推迟；但是当雨强过大时，这种阻流作用就效果甚微了。同时，马贵河流域人口密集，沿河房屋多，经济条件好，山洪灾害防御过程中应当考虑提高预警期，以提高应对处置时效性。

目前山洪灾害预报预警主要采用雨量、水位预警，但由于华南沿海台风区环境的复杂性和山洪形成的多要素性，雨量和水位等预警指标的分析过程对热带气旋的动态过程考虑不足，预警的及时性不够，需要系统建立致灾山洪实时动态多指标预警模型，对实现山洪灾害预警期有效延长，提高山洪灾害时效性具有重要的意义。鉴于上述问题，通过构建东南沿海地区山洪灾害防御模式，将山洪灾害监测预警要素由常规的"降雨-径流"转变为"台风路径"和"降雨-径流"相结合，通过对区域热带气旋和气象云图的实时预报和监测来实现台风影响区山洪灾害预警，通过延长山洪灾害的预见期来提高应急抢险应对处置时效，同时考虑华南沿海地区经济发达的特点，防治措施以工程措施为主，非工程措施为辅。

6.3.5 西南地区（I8）山洪灾害防御模式

白沙河流域主沟地势低，两侧地势高；流域普遍地势较高，39%的地区坡度大于 $35°$，白沙河流域主要土地利用类型为林地、草地、旱地、水田、居民地建筑物、道路、水域、裸地、裸岩及其他类型。潜在受灾房屋空间分布主要集中在白沙河流域主沟中下游两侧的虹口—紫坪段。

白沙河流域属长江流域岷江水系的一级支流，流域具有微流域共 16 条，且流域处于极震区，距震中汶川映秀仅 8.6km，地震烈度为 XI 度。根据实地调查和遥感判译，白沙河流域的崩塌滑坡泥石流总数达到 6000 多处，全流域地表破坏总面积占流域总面积的10%，在汶川震灾区中属于高水平分部。选择白沙河流域作为示范流域，充分考虑山洪和地质灾害（滑坡、泥石流）风险等级，划分为高、较高、中等、较低和低五个等级。分区分级考虑不同风险等级的山洪-滑坡-泥石流协同防御。

充分考虑西南地区山洪及次生地质灾害孕灾环境、成灾机制、自然条件和社会经济情况，构建西南地区山洪灾害防御模式。采取风险区划、分析概率、风险受损率、风险防御工程效益四个要素进行风险综合评估，评估不同分区主要致灾要素，对山洪、滑坡、泥石流采取不同防治措施，并根据实际情况构建协同防御体系。

6.4　小　结　与　展　望

　　山洪灾害防灾减灾救灾模式构建既是山洪灾害防御研究的着力点，也是山洪灾害防御措施的高度凝练和最终体现，能否构建科学、可行的山洪灾害防灾减灾救灾模式对山洪灾害防御具体实施至关重要。本章主要对当前山洪灾害防御模式进行梳理和总结，基于提出的"自然-社会"二元防御模式理念，构建了适合五个示范区灾害防御现状和需求的山洪灾害防御模式。研究展望如下：

　　（1）项目在山洪灾害防灾减灾救灾模式构建方面进行了积极的探索，不仅融合了当前具有中国特色的、以"监测预警"和"群测群防"为核心的山洪灾害防御体系中的具体措施，也结合了区域自然地理、水文气象、社会经济和灾害现状等情况，对构建新型山洪灾害防灾减灾救灾模式提供了重要的支持。

　　（2）灾害防治不仅是一门科学问题，而且是重要的社会问题。基于"自然-社会"的二元山洪灾害防治范式充分考虑了灾害形成过程的自然特性以及灾害防治过程的社会特性，是今后可行的一种灾害防治理念。

　　（3）山洪灾害防灾减灾救灾模式构建不仅要考虑科学性和可行性，还需考虑形成易推广和复制的模式，以便于在其他地区进行示范应用。

第7章

结 论 与 建 议

本书通过总结凝练国家重点研发计划项目"山洪灾害监测预警关键技术与集成示范"（2017YFC1502500）的课题六研究内容，取得以下五个主要进展，包括（Ⅰ）示范区山洪灾害致灾要素提取、（Ⅱ）监测预警技术研发与示范区建设、（Ⅲ）应急抢险应对处置研究、（Ⅳ）防灾减灾救灾模式构建和（Ⅴ）项目成果推广示范，五个研究进展涵盖了项目全部研究内容（图7-1）。

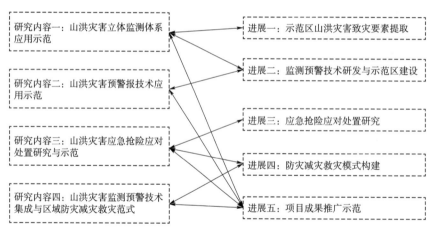

图7-1　研究内容和进展示意图

基于研发的山洪灾害降雨预报技术、山洪要素立体监测技术体系、山区小流域洪水过程模拟模型、动态预警指标计算方法、风险评估和预警报平台等理论、技术和方法，对山洪灾害立体监测体系、预警报技术、应急抢险应对处置和防灾减灾救灾模式进行了研究和示范，取得了一定的进展，但仍有部分问题亟待未来的研究解决。

（1）关于山洪灾害致灾要素提取和分析主要采用遥感解译手段，通过地理、水系、地形地貌、坡度、植被覆盖、土地利用、监测点分布和受灾房屋分布等信息进行提取，形成山洪灾害致灾因子数据库进行研究和分析。但受山洪过程发生-消逝速度快和资料收集难度大的限定，当前缺少历史山洪灾害资料，无法对分析的致灾要素进行验证。因此，构建快速有效的山洪灾害致灾因子提取和评估技术体系是研究发展的趋势。

（2）全书以五个示范区为对象，通过融合微纳感知和物联网技术开展了山洪灾害监测与预警设备研发和技术体系示范。下一步，将持续验证和评价新研发的监测预警设备及体系对山洪灾害事件全程监测模拟，进一步明确新技术在山洪灾害监测预警体系中的定位。

（3）山区溪河洪水灾害的发生、发展和成灾过程往往伴随着滑坡、泥石流等地质灾害过程，当前对"山洪"和"地质"灾害过程的监测预警往往由不同业务部门负责，难以在灾害防御过程中形成合力。开展山洪地质灾害链生转化机制、监测预警技术和防御模式研究是山洪灾害防灾减灾的现实需求。

（4）研究人员始终秉承"引进来、消化吸纳凝练、推出去"的基本研究思路，不仅融合了瑞士和日本为代表的国际山洪灾害防御发达国家相关理论和技术，而且还通过澜湄水资源合作项目、中国-东盟海上合作基金等渠道，将上述技术推广到澜沧江-湄公河流域国家，加强项目成果的技术输出。

参 考 文 献

[1] 孙厚才，沙耘，黄志鹏．山洪灾害研究现状综述 [J]．长江科学院院报，2004（6）：77-80．

[2] 杜俊，任洪玉，林庆明，等．山洪灾害防御研究进展 [J]．灾害学，2019，34（2）：161-167．

[3] 包红军，曹勇，林建，等．山洪灾害气象预警业务技术进展 [J]．中国防汛抗旱，2020，30（Z1）：40-47．

[4] 董林垚，张平仓，任洪玉，等．山洪灾害监测预警技术研究及发展趋势综述 [J]．人民长江，2019，50（8）：35-39．

[5] 郭良，丁留谦，孙东亚，等．中国山洪灾害防御关键技术 [J]．水利学报，2018，49（9）：1123-1136．

[6] 张平仓，任洪玉，胡维忠，等．中国山洪灾害防治区划初探 [J]．水土保持报，2006（6）：196-200．

[7] SCHROSDER A J，GOURLEY J J，HARDY J，et al. The development of a flash flood severity index [J]. Journal of Hydrology, 2016（541）：523-532.

[8] 李红霞，覃光华，王欣，等．山洪预报预警技术研究进展 [J]．水文，2014，34（5）：12-16．

[9] CORRAL C，BERENGUER M，SEMPERE TD，et al. Comparison of two early warning systems for regional flash flood hazard forecasting [J]. Journal of Hydrology. 2019（572）：603-19.

[10] 张平仓，丁文峰，王协康．山洪灾害监测预警关键技术与集成示范研究构想和成果展望 [J]．工程科学与技术，2018，50（5）：1-11．

[11] BORGA M，ANAGNOSTOU E N，BLOSCHL G，et al. Flash floods：Observations and analysis of hydro-meteorological controls [J]. Journal of Hydrology. 2010（394）：1-3.

[12] 程卫帅．山洪灾害临界雨量研究综述 [J]．水科学进展，2019，34（2）：161-167．

[13] 陈桂亚，袁雅鸣．山洪灾害临界雨量分析计算方法研究 [J]．人民长江，2005，36（12）：40-43．

[14] 江锦红，邵利萍．基于降雨观测资料的山洪预警标准 [J]．水利学报，2010，41（4）：458-463．

[15] 刘志雨，杨大文，胡健伟．基于动态临界雨量的中小河流山洪预警方法及其应用 [J]．北京师范大学学报（自然科学版），2010，46（9）：317-320．

[16] 熊朕，田宏岭．我国山洪灾害监测现状与发展趋势 [J]．灾害学，2019，34（3）：140-145．

[17] 李海辰，解家毕，郭良，等．中国山洪预警研究综述 [J]．人民珠江，2017，38（6）：29-35．

[18] 陈真莲．小流域山洪灾害成因及防治技术研究 [D]．广州：华南理工大学，2014．

[19] 郭良，唐学哲，孔凡哲．基于分布式水文模型的山洪灾害预警预报系统研究及应用 [J]．中国水利，2007（14）：38-41。

[20] 翟晓燕，郭良，刘荣华，等．中国山洪水文模型研制与应用：以安徽省中小流域为例 [J]．应用基础与工程科学学报，2020，28（5）：1018-1036．

[21] KAISER M，GUNNEMANN S，DISSE M. Providing guidance on efficient flash flood documentation：an application based approach [J]. Journal of Hydrology, 2020，581：16-22.

[22] 马秋梅．多源卫星降水产品在长江流域径流模拟中的适用性研究 [D]．武汉：武汉大学．2019．

[23] KEVIN S. Flash Floods Forecasting and Warning [M]. New York：Springer, 2013：26-32.

[24] 黄伟纶．我国古代的水文科学 [J]．水文，1984（4）：35-40．

［25］　皇甫张棣．光学雨量传感方法的研究［D］．昆明：昆明理工大学，2014.

［26］　IAN S. Precipitation，Theory，Measurement and Distribution［M］．London：Cambridge Universi-ty Press，2003：56－72.

［27］　刘天元，王文丰，徐灯．水雨情监测中的雨量测量方法综述［J］．现代信息科技，2019，3（2）：8－11.

［28］　廖爱民，刘九夫，张建云，等．基于多类型雨量计的降雨特性分析［J］．水科学进展，2020，31（6）：852－861.

［29］　高太长，刘西川，刘磊，等．降水测量科学仪器现状及展望［J］．仪器仪表学报，2012，（33）8：255－260.

［30］　温龙．中国东部地区夏季降水雨滴谱特征分析［D］．南京：南京大学，2016.

［31］　蔺潇．基于压电技术的降雨测量方法研究［D］．北京：北京交通大学，2019.

［32］　张红萍．山区小流域洪水风险评估与预警技术研究［D］．北京：中国水利水电科学研究院，2013.

［33］　田竞，夏军，张艳军，等．HEC－HMS 模型在官山河流域的应用研究［J］．武汉大学学报（工学版），2021，54（1）：8－14.

［34］　KURTYKA JC. Precipitation Measurement Study［R］．Report of investigation 20，State Water Survey，Illinois. Urbana，IL：Department of Registration and Education，1953.

［35］　卢江涛．利用天气雷达估测和预报降雨分布的研究［D］．北京：清华大学，2011.

［36］　张利平，赵志朋，胡志芳，等．雷达测雨及其在水文水资源中的应用研究进展［J］．暴雨灾害，2008，27（4）：373－377.

［37］　VERSINI PA. Use of radar rainfall estimates and forecasts to prevent flash flood in real time by u-sing a road inundation warning system［J］．Journal of Hydrology. 2012（416）：157－170.

［38］　刘福新，樊建军，郑杨罡，等．TWR01A 型天气雷达在山西隰县山洪灾害预警中的应用［J］．中国防汛抗旱，2013，23（3）：31－33.

［39］　ROZALIS S，MORIN E，YAIR Y，et al. Flash flood prediction using an uncalibrated hydrological model and radar rainfall data in a Mediterranean watershed under changing hydrological conditions［J］．Journal of Hydrology. 2010（394）：245－255.

［40］　叶金印，高玉芳，李致家．雷达测雨误差及其对淮河流域径流模拟的影响［J］．湖泊科学，2013，25（4）：593－599.

［41］　GABELLA M，NOTARPIETRO R. Improving Operational Measurement of Precipitation Using Radar in Mountainous Terrain Part Ⅰ：Methods［J］．IEEE Geosciences and Remote Sensing Let-ters，2004，（1）2：78－83.

［42］　GERMANN U，GALLI G，BOSCACCI M，et al. Radar precipitation measurement in a mountain-ous region［J］．Quarterly Journal of the Royal Meteorological Society，2006，132：1669－1692.

［43］　刘晓阳，毛节泰，李纪人，等．雷达联合雨量计估测降水模拟水库入库流量［J］．水利学报，2002（4）：51－55.

［44］　FRANCISCO J，TAPIADOR F J，TURK W P，et al. Global precipitation measurement：Meth-ods，datasets and applications［J］．Atmospheric Research，2012（104）：70－97.

［45］　唐国强，万玮，曾子悦，等．全球降水测量（GPM）计划及其最新进展综述［J］．遥感技术与应用，2015，30（4）：607－615.

［46］　胡庆芳．基于多源信息的降水空间估计及其水文应用研究［D］．清华大学．2013.

［47］　闵心怡，杨传国，李莹，等．基于改进的湿润地区站点与卫星降雨数据融合的洪水预报精度分析［J］．水电能源科学，2020（38）：1－5.

［48］　高晓荣，梁建茵，李春晖，等．多平台（雷达、卫星、雨量计）降水信息的融合技术初探［J］．

高原气象，2013，32（2）：2549-2555.

[49] 徐海飞，谭显辉，朱自伟，等. 高分辨率遥感降水对强降雨的监测能力研究 [J]. 科学技术与工程，2016，16（10）：178-185.

[50] MA Q，LI Y，FENG H，et al. Performance evaluation and correction of precipitation data using the 20-year IMERG and TMPA precipitation products in diverse subregions of China [J]. Atmospheric Research，2021，249.

[51] 贺志华. 高山流域降水径流过程机理及模拟研究 [D]. 北京：清华大学. 2015.

[52] 张弛，滑申冰，朱德华，等. 卫星与地面观测融合降雨产品精度与径流模拟评估 [J]. 人民长江，2019，50（9）：70-76.

[53] TAPIADOR F J，TURK F J，PETERSEN W，et al. Global precipitation measurement：Methods，datasets and applications [J]. Atmospheric Research，2012，104：70-97.

[54] 陈杰，许崇育，郭生练，等. 统计降尺度方法的研究进展与挑战 [J]. 水资源研究，2016，5（4）：299-313.

[55] 李哲. 多源降雨观测与融合及其在长江流域的水文应用 [D]. 北京：清华大学. 2015.

[56] 潘旸，沈艳，宇婧婧，等. 基于最优插值方法分析的中国区域地面观测与卫星反演逐时降水融合试验 [J]. 气象学报，2012，70（6）：1381-1389.

[57] 徐宏亮. 基于层次贝叶斯网络算法的长江源区降水数据融合研究 [D]. 南京：南京大学. 2017.

[58] 潘旸，沈艳，宇婧婧，等. 基于贝叶斯融合方法的高分辨率地面-卫星-雷达三源降水融合试验 [J]. 气象学报. 2015，3（1）：177-186.

[59] GUMINDOGA W，RIENTJES T，HAILE A T，et al. Bias correction schemes for CMORPH satellite rainfall estimates in the Zambezi River Basin [J]. Hydrol. Earth Syst. Sci. Discuss，2016（10）：1-36.

[60] 吴金津，董文逊，张艳军，等. 多源降雨数据在官山河山洪预报中的应用 [J]. 武汉大学学报（工学版），2021，54（1）：72-81.

[61] 赵悬涛，刘昌军，文磊，等. 国产多源降水融合及其在小流域暴雨山洪预报中的应用 [J]. 中国农村水利水电，2020（10）：54-59，65.

[62] 刘西川，高太长，宋堃，等. 微波链路降水测量技术及应用研究进展综述 [J]. 装备环境工程，2019，16（6）：13-20.

[63] 张鹏. 微波链路在天气雷达定量测量降水中的应用方法研究 [D]. 长沙：国防科技大学，2018.

[64] 印敏，高太长，刘西川，等. 微波链路测量降水研究综述 [J]. 气象，2015，41（12）：1545-1553.

[65] HAN C Z，HUO J，GAO Q Q，et al. Rainfall Monitoring Based on Next-Generation Millimeter-Wave Backhaul Technologies in a Dense Urban Environment [J]，Remote Sensing，2020，12（6）：10-45.

[66] 丁留谦，郭良，刘昌军，等. 我国山洪灾害防治技术进展与展望 [J]. 中国防汛抗旱，2020，30（Z1）：11-17.

[67] 刘超，聂锐华，刘兴年，等. 山区暴雨山洪水沙灾害预报预警关键技术研究构想与成果展望 [J]. 工程科学与技术，2020，52（6）：1-8.

[68] NORBIATO D，BORGA M，DEGLI E S，et al. Flash flood warning based on rainfall thresholds and soil moisture conditions：An assessment for gauged and ungauged basins [J]. Journal of Hydrology. 2008，362（3）：274-290.

[69] 俞彦，张行南，张鹏，等. 基于SCS模型和新安江模型的雨量预警指标综合动态阈值对比 [J]. 水资源保护，2020，36（3）：28-33，51.

[70] SEO D，LAKHANKAR T，COSGROVE B，et al. Applying SMOS soil moisture data into the Na-

tional Weather Service （NWS） 's Research Distributed Hydrologic Model （HL－RDHM） for flash flood guidance application ［J］. Remote Sensing Applications：Society and Environment，2017，8： 182－92.

［71］ 陈华，霍苒，曾强，等 . 雨量站网布设对水文模型不确定性影响的比较 ［J］. 水科学进展 . 2019 （30）：34－44.

［72］ XU H L，XU C Y，SARLTHUN N R，et al. Entropy theory based multi－criteria resampling of rain gauge networks for hydrological modelling：a case study of humid area in southern China ［J］. Journal of Hydrology，2015 （525）：138－151.

［73］ 李辉，褚泽帆，刘娜，等 . X 波段测雨雷达系统建设与在山洪预警中的应用 ［J］. 电子设计工程， 2018，26 （8）：52－56.

［74］ 刘昌军，刘启，田济扬，等 . X 波段全极化调频连续波测雨雷达在山洪预报预警中的示范应用 ［J］. 中国防汛抗旱，2020，30 （Z1）：48－53.